25 YEARS OF THE HUBBLE SPACE TELESCOPE

哈勃 深空美景

[英] BBC《仰望夜空》(*Sky at Night*) 杂志 编

李海宁 译

人民邮电出版社

北京

图书在版编目（CIP）数据

哈勃深空美景 / 英国BBC《仰望夜空》杂志编 ；李
海宁译. -- 北京 ：人民邮电出版社，2019.8（2023.5重印）
（BBC夜空探索）
ISBN 978-7-115-50218-6

Ⅰ．①哈… Ⅱ．①英… ②李… Ⅲ．①宇宙－普及读
物 Ⅳ．①P159-49

中国版本图书馆CIP数据核字(2018)第269527号

版 权 声 明

内 容 提 要

　　《仰望夜空》（*Sky at Night*）是一本由英国广播公司（BBC）出版的关于天文学和天文观测的杂志，这本杂志是在 BBC 已有 50 多年历史的《仰望夜空》专栏电视节目的基础上诞生的。《仰望夜空》栏目曾由知名天文学家帕特里克•摩尔先生主持，现已成为 BBC 的经典节目之一。从宇航登月到日食观测，从夜观天象到人物访谈，从天文摄影到太空探索，这本杂志的内容包罗万象、应有尽有。

　　本书是 BBC 基于《仰望夜空》杂志出版的一系列图书之一，主要介绍了哈勃空间望远镜拍下的 116 张壮丽照片。哈勃空间望远镜从我们太阳系开始的画廊里，可以看到数十亿光年的距离。从精致的星云和行星照片到无数星系令人心醉的深空远景，它一直在向我们展示着太空之美。

　　本书适合广大天文爱好者阅读、收藏。

◆　编　　　　[英]BBC《仰望夜空》（*Sky at Night*）杂志
　　译　　　　李海宁
　　责任编辑　王朝辉
　　责任印制　陈 犇

◆　人民邮电出版社出版发行　北京市丰台区成寿寺路 11 号
　　邮编　100164　电子邮件　315@ptpress.com.cn
　　网址　http://www.ptpress.com.cn
　　北京宝隆世纪印刷有限公司印刷

◆　开本：787×1092　1/16
　　印张：7　　　　　　　　2019 年 8 月第 1 版
　　字数：297 千字　　　　 2023 年 5 月北京第 7 次印刷
　　著作权合同登记号　图字：01-2018-3882 号

定价：69.90 元

读者服务热线：(010)81055410　印装质量热线：(010)81055316
反盗版热线：(010)81055315
广告经营许可证：京东市监广登字 20170147 号

序 言

很高兴能编辑这本书。有什么能比筛选有史以来最好的空间图像集并挑选最令人惊叹和具有科学价值的照片更好的事情呢？当我们庆祝哈勃空间望远镜超过 25 周年的观测生涯时，不要忘记，自 1968 年首次公布轨道空间望远镜的发展计划算起，这个美国国家航空航天局（NASA）的空间望远镜从设计蓝图到发射也花费了相当的时间。然而，功夫不负有心人，自从 1993 年哈勃空间望远镜镜面修复以来，这个仪器已经成为一个极有价值的研究工具和广义的文化标志。

哈勃空间望远镜所拍摄的图像让我们得以一窥太空之美。从雕塑般的星云和细致入微的行星图片到无数星系令人叹为观止的深邃景观，从我们的太阳系到数十亿光年之遥的深空，所有这一切都可以在这里鉴赏。哈勃空间望远镜如此清晰地捕捉到了它们，让它们的图像跻身为现代最具标志性的画面。哈勃空间望远镜不仅以无与伦比的方式将宇宙带入我们的世界，还为专业天文学家提供了全新的数据。这些数据经过仔细

"有什么能比筛选有史以来最好的空间图像集更好的呢？"

地研究、分析和同行评议，为支撑太空结构的基础物理学带来了新的见解。利用哈勃空间望远镜的数据，诞生了令人惊叹的 11000 多篇学术论文。

对许多人来说，哈勃空间望远镜将流传下去的遗产是它为我们提供的通向外太空的窗口，所以请你打开这本书，开启高清宇宙的探索之旅吧。欢迎走近宇宙！

克里斯·布拉姆斯
BBC《仰望夜空》杂志编辑

目　录
图片荟萃

精彩专题

06 哈勃空间望远镜革命

探究自哈勃空间望远镜进入轨道以来的1/4世纪期间，我们对宇宙的视角和认知发生了多大的变化。

40 维修哈勃空间望远镜

无论是失焦的照片还是过时的设备，哈勃空间望远镜都有其公认的问题。了解一下不得不在太空修理哈勃空间望远镜的团队的故事。

102 与哈勃空间望远镜有关的数字

哈勃空间望远镜令人难以置信的绝不仅仅是它所能观测的距离——了解一些与这台望远镜有关的其他天文数字。

30 空间望远镜剖析

探索哈勃空间望远镜究竟配备了怎样的技术库，使其能够窥探深空并捕获如此多样的史诗级图像的原始数据。

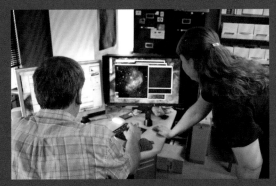

67 空间成像的艺术

虽然是哈勃空间望远镜"看见"了恒星、星系和星云，但却是地面上的一大群人将这些观测变成我们所钟爱的激动人心的图像。

103 哈勃空间望远镜2.0

哈勃空间望远镜无法永不休止地进行观测，因此NASA已经着手研究计划于2018年发射哈勃的继任者。让我们来介绍一下詹姆斯·韦伯空间望远镜。

（译者注：由于各种原因，詹姆斯·韦伯空间望远镜的发射已被推迟到2021年。）

哈勃空间望远镜革命

伊丽莎白·皮尔森回顾了哈勃空间望远镜创造的跨越 1/4 世纪的科学。

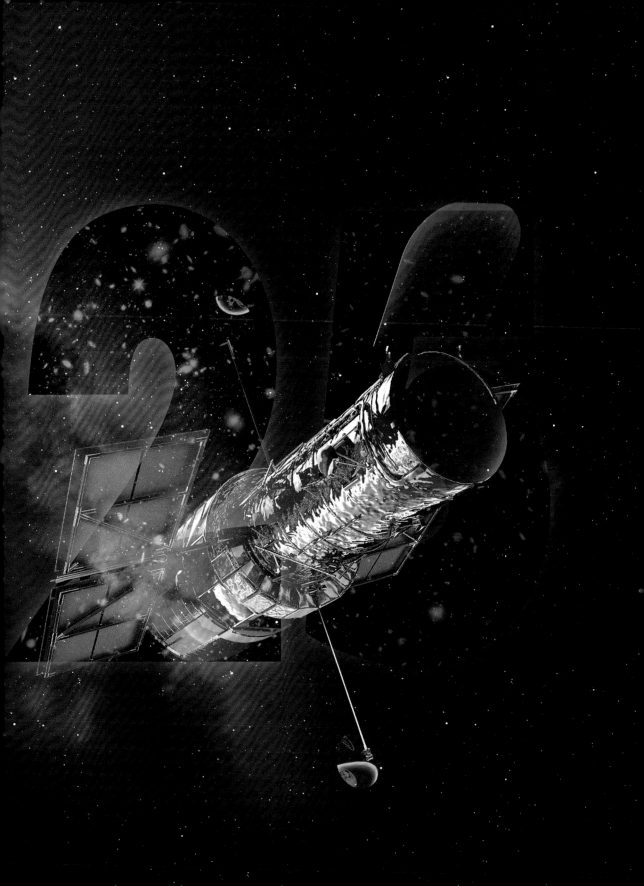

"哈勃空间望远镜最重要的发现是超乎任何人预期的——它彻底革新了我们看待宇宙的方式。"

25 年来，哈勃空间望远镜拍摄的令人回味的画面令全世界惊叹不已，这些画面通过前所未有的视角使我们与宇宙相连。它绝不仅仅是一台科学设备，而且已然成为空间科学的核心。虽然在哈勃空间望远镜之前也曾有过空间观测站，但哈勃空间望远镜的科学影响力与多功能性是无可匹敌的，它仍然是迄今最好的望远镜之一。成百上千名天文学家经常用到哈勃空间望远镜，通过这台极为先进的设备进行长达数年甚至数十年的宇宙观测。这些持续的观测已经带来了许多发现，并且在哈勃空间望远镜进入太空的 25 年之后仍然有层出不穷的新发现。就在 2014 年 10 月，哈勃空间望远镜探测到了迄今发现的最古老的星系之一。这个星系非常遥远，以至于来自它的光线穿行了 130 多亿年的时间。

意想不到的科学

也许哈勃空间望远镜最重要的发现是超乎任何人预期的——它彻底革新了我们看待宇宙的方式。研究人员试图通过哈勃空间望远镜的精确光学系统为遥远星系中的超新星成像并计算其距离，从而估算宇宙的膨胀速度。

哈勃空间望远镜探测早期宇宙，其中 3 幅插图是 Abell 2744 中同一个星系透过 3 种引力透镜之后的样貌

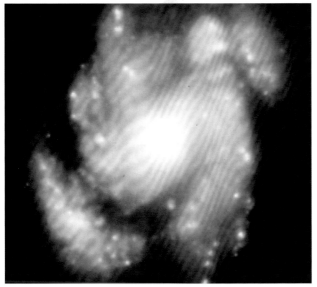
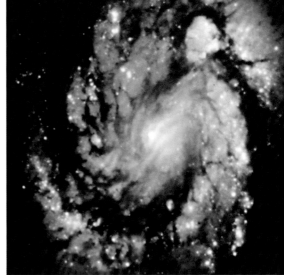

但是观测表明，宇宙膨胀并没有像他们预期的那样放慢速度，且结果表明，宇宙膨胀是加速的。为了解释这一点，研究人员不得不引入一种未知的力量来驱动星系的相互分离：暗能量。"哈勃空间望远镜改写了天文书。"欧洲空间局哈勃项目科学家安东内拉·诺塔说。从哈勃空间望远镜发射之前就致力于相关的研究工作开始，诺塔已经使用这台望远镜超过了 30 年，期间历经了艰辛困苦却仍然坚守着这个项目。在哈勃空间望远镜还没有升空前就遭遇了资金危机，随后欧洲空间局加入了这个目前仍属于 NASA 的项目，承担财务负担并提供仪器和工作人员。当诺塔于 1986 年初加入时，哈勃空间望远镜已做好了发射准备。

▲ 哈勃空间望远镜在 1993 年进行第一次修正视力任务前后，对旋涡星系 M100 成像，其清晰度的差异是令人震惊的。

"当将在下一个航天器上发射时，我们感到令人难以置信的兴奋。"诺塔说，"但在 1 月份，我在大礼堂里目睹了挑战者号的爆炸。"悲剧和随后的调查导致航天器的运输中断了将近 3 年。哈勃空间望远镜最终于 1990 年利用发现号发射升空。

"每个人都期待着壮观的图像，"诺塔说，"当时就发现了球面像差。"由于制造上的一个失误，哈勃空间望远镜直径 2.4 米镜面的曲率超出了 4 微米。这只是人类头发宽度的 1/50，但却足以造成光线无法正确聚焦。这台世界上最大的望远镜几乎变得毫无用处。"起初人们不敢相信自己的眼睛，"诺塔说，"每当一张那样的图片

专家解读

迈克尔·加西亚是 NASA 总部的哈勃项目科学家。

1999 年我首次使用哈勃空间望远镜，作为一般用户，我有一个已经超过 15 年的项目。每年我们都会对仙女星系进行一系列的短曝光拍照，我们也用钱德拉 X 射线天文台同步进行观测。我们正在寻找新的黑洞。

我认为这是一个非常棒的主意。我们大约每年都会找到一个，当然，我们发现的第一个非常棒。

如果你想使用哈勃空间望远镜，就必须提交申请。每年大约有 1000 份申请，你提出自己最得意的想法，尽可能清楚地以书面形式解释，并将其提交给哈勃空间望远镜科学委员会。他们每年进行一次评审，但是只有大约 20% 的申请会被选中。其他 80% 基本也是非常好的想法，但哈勃空间望远镜实在太有用，以至于人们可以毫不费力地提出好的想法。所以你得默默祈祷，如果你的申请没有通过，那就再试一次。

在一些关于哈勃空间望远镜的最初想法里，曾经考虑过派人去望远镜后面观

测或者使用胶片拍摄，然后将胶片放进一个容器发射回大海里并回收。但他们很快意识到，使用 CCD 相机并将图像传回地球会更好。

有一个非常重要的小组负责采集所有观测结果，评级并排出一年的观测计划，每周观测一次。这个小组制作了一个非常详细的观测目标列表，他们将观测计划精确到了毫秒量级。他们与观测者一起规划每一个细节。

大约在观测前一个月，一切都将锁定并难以更改。命令会提前一周上传到望远镜，然后由望远镜来执行该系列命令。

重大发现

近年来，哈勃空间望远镜在一些主要的天文学发现中发挥了关键作用。

2010 年 12 月 17 日

2010 年 12 月 21 日

2010 年 12 月 30 日

2011 年 1 月 26 日

观测 M31 和其他地方的造父变星
有助于改进对宇宙年龄的估算

M87 的黑洞驱动的喷流，
在这里哈勃空间望远镜发
现了第一个超大质量黑洞

宇宙的年龄

自大爆炸以来，宇宙就一直在膨胀，但这已经持续了多长时间？宇宙的年龄是宇宙学的基本问题之一，但在哈勃空间望远镜之前，人们普遍认为是在 100 亿~200 亿年。为了更精确地测量宇宙的年龄，天文学家必须确定它的膨胀速度，这个值被称为哈勃常数。

于是哈勃空间望远镜开始发挥作用了，它在不同的星系中探测到了造父变星。这些造父变星以一种特殊的方式发出脉冲，使科学家得以非常精确地计算其亮度，从而测量出到该造父变星所在星系的距离。通过测量遥远星系中的 31 颗造父变星，可以得到精度达 5% 的膨胀速度，得出宇宙的年龄约为 137 亿年，此后又精确到 138 亿年。

超大质量黑洞

1990 年，有人猜测在大多数星系的中心，存在具有数十亿太阳质量的超大质量黑洞，但却没有证据。哈勃空间望远镜将改变这种局面。"哈勃空间望远镜发现在星系中心，一侧的气体以高速远离我们，而另一侧的气体以相同的高速向我们运动。"NASA 哈勃项目科学家詹尼弗·怀斯曼说，"能使气体保持在如此高速的轨道中的唯一可能是大量物质被压缩成小体积。简而言之，就是一个超大质量黑洞。"哈勃空间望远镜发现的第一个这样的庞然大物是在 M87 星系，但不久之后就发现了更多的超大质量黑洞。

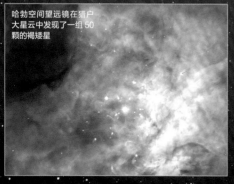

哈勃空间望远镜在猎户
大星云中发现了一组 50
颗的褐矮星

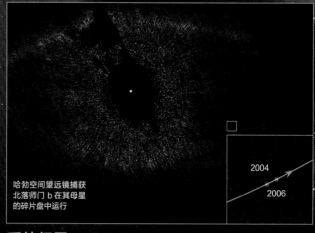

2004

2006

哈勃空间望远镜捕获
北落师门 b 在其母星
的碎片盘中运行

恒星的生与死

恒星形成的环境对于它们将成为什么类型的恒星起着巨大的作用。"恒星往往在星群和星团中成长最快，最大的恒星形成最快。"怀斯曼说，"然后这些大恒星消耗周围的气体，使随后的恒星形成更难。哈勃空间望远镜帮助我们了解到恒星是如何在动态环境中形成然后影响环境的。"哈勃能够看到星云中的这些气体云的复杂性，如猎户星云，这对于了解恒星如何形成至关重要。"哈勃空间望远镜因为它的灵敏度和清晰的角分辨率帮助了我们。"怀斯曼说，"你可以分辨出单颗恒星及其环境。"

系外行星

当哈勃空间望远镜发射时，人类还没有发现太阳系外行星。现在已经有超过 1000 颗已确认的系外行星。"哈勃空间望远镜改变了我们对恒星和行星是如何形成的认识。"怀斯曼说，"它是第一批看到所有恒星似乎都被尘埃碎片盘包围的望远镜之一。"但仅仅是找到行星已经远远不够了，天文学家希望对它们进行分类，观察它们的大气层，看看系外行星上的环境是什么样的。哈勃空间望远镜也是第一个探测到系外行星大气中存在特定元素的望远镜。

出现在我们的屏幕上时，你都能看到人们失望和难过的表情。但是总有办法能解决问题。"拯救哈勃空间望远镜的就是它的升级能力——这也正是让哈勃空间望远镜成为有史以来最高产的天文设备之一的能力。1993年12月，第一次修复任务安装了一台新相机，即宽视场和行星相机2，它补偿了球面像差从而使得科学家们能够充分利用这台望远镜强大的光学系统。在接下来的几年里，哈勃空间望远镜又进行了4次维护，以便维修和安装新设备、陀螺仪和电池。这不仅让哈勃空间望远镜保持最佳状态，也使这台空间望远镜始终配备了当时最好的设备。"每当宇航员去那里，再离开的时候，它就是一个全新的天文台。"NASA哈勃项目科学家詹妮弗·怀斯曼说，"经过25年的努力，哈勃空间望远镜现在正处于科学性能的顶峰。"

▲哈勃空间望远镜在2009年的最后一次修复任务中停泊在亚特兰蒂斯号航天器上。这些升级将使这架空间望远镜能持续运行到2020年

屏幕上。当看起来哈勃空间望远镜无法完成它的第5次（也是最后一次）修复任务，而不得不缩短其运行周期时，公众表示了强烈抗议。"我们让世界各地的人们为维护哈勃空间望远镜而团结起来。"怀斯曼说，"它显示了这个天文台的受欢迎程度。人们乐于使自己的目光和精神超越日常生活的平凡，并看到我们是宏伟宇宙的一部分。"在公众的支持下，2009年的最后修复任务确保哈勃空间望远镜可以继续运行到2020年，并且毫无疑问，它将继续利用其剩余的使用寿命发掘更多惊人的发现。但哈勃空间望远镜的遗产远远超出了它所做的科学贡献。今天学生们正在寻求在天文学的职业生涯，因为他们在儿时看到的哈勃空间望远镜的图像，而这些标志性的图片将成为未来数年流行文化的一部分。"哈勃空间望远镜是人类的望远镜，"诺塔说，"它属于每个人。"

文化标志

除了进行科学观测外，哈勃空间望远镜还定期拍摄令人难以置信的精致图像，然后向公众发布。今天，你可以在任何地方看到这些图像，无论是在邮票还是T恤或电影

关于作者

伊丽莎白·皮尔森博士是BBC《仰望夜空》杂志的专职作家，她在卡迪夫大学获得了天文学博士学位。

哈勃的继任者

虽然哈勃空间望远镜将在2020年之前保持运行，但NASA一直忙于建造其继任者詹姆斯·韦伯空间望远镜（JWST.），然JWST不仅仅是哈勃空间望远镜的升级版。与只是建造另一台更大更好的光学望远镜不同，NASA决定向另一个方向前进，致力于开发有史以来最大的红外空间望远镜。"回溯早期的宇宙，你真的需要借助红外线。"NASA哈勃计划科学家迈克尔·加西亚说，"哈勃空间望远镜没有这种能力。JWST将继续已经开展的工作。"通过红外观测，JWST将能够比哈勃空间望远镜看到更远的地方。红外辐射不仅可以穿过阻挡大部分可见光的尘埃云，而且还可以让望远镜探测到极其遥远以至于被红移出可见光谱范围的星系。"我们希望它的影响力将能与哈勃空间望远镜匹敌，"加西亚说，"我们希望在哈勃空间望远镜声誉的基础上更进一步。"

太阳系

在距离地球表面上空 **568** 千米的有利位置，哈勃空间望远镜能够捕捉到许多太阳系其他成员的最佳图像。从伤痕累累的月球表面上难以置信的细节，到矮行星冥王星，哈勃空间望远镜拍摄的图像勾勒出了我们所见的太阳系。哈勃空间望远镜的观测使人们对天王星奇特的光环系统、火星大气的季节性变化以及木星卫星上的火山活动有了新的了解，它还提供了彗星和小行星撞击气态巨行星的图像。多亏了哈勃空间望远镜，我们前所未有地了解了行星。

▲ 土星卫星四重凌

2009 年 2 月 24 日

这幅土星的特写镜头捕捉到几颗土星卫星运行经过这颗巨大气体行星的表面：巨大的橙色卫星土卫六（泰坦——它比水星还要大）位于土星的右上边缘附近，还有白色的冰质卫星土卫二和土卫四，以及位于最右侧光环边上的土卫一。

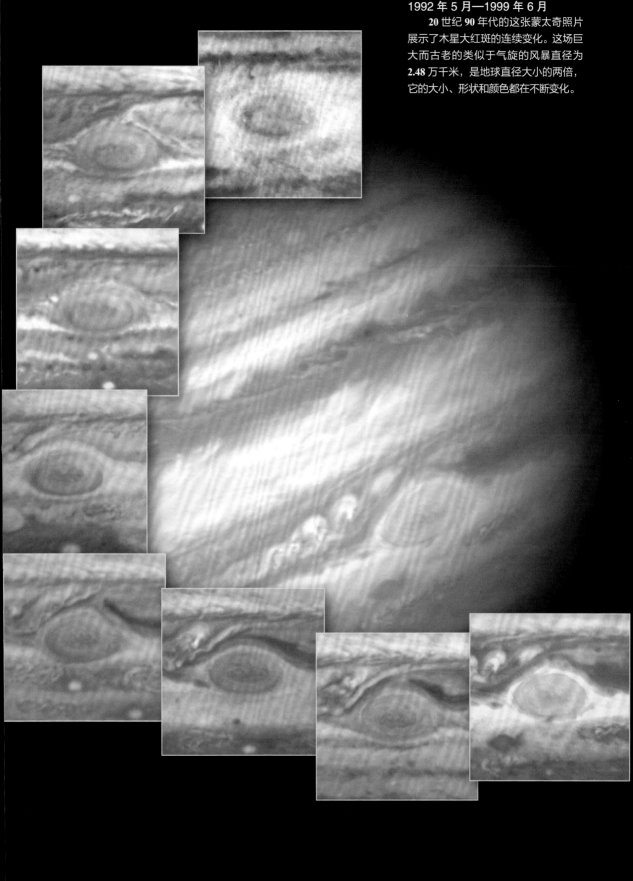

20 世纪 90 年代的这张蒙太奇照片展示了木星大红斑的连续变化。这场巨大而古老的类似于气旋的风暴直径为 **2.48** 万千米，是地球直径大小的两倍，它的大小、形状和颜色都在不断变化。

▼ 残骸之地

2005 年 8 月 21 日

这张月球上阿利斯塔克斯陨石坑的图片让人感受到了撞击产生的力量。这个陨石坑宽 42 千米，深 3.2 千米，是月球上最年轻的陨石坑之一。

▲火星特写

2003 年 8 月 27 日

在火星近 6 万年来最接近地球的一次穿越中，哈勃空间望远镜拍摄了这张图片，其中包括奥林匹斯火山、长达 4000 千米的水手峡谷系统和火星南极冰盖。

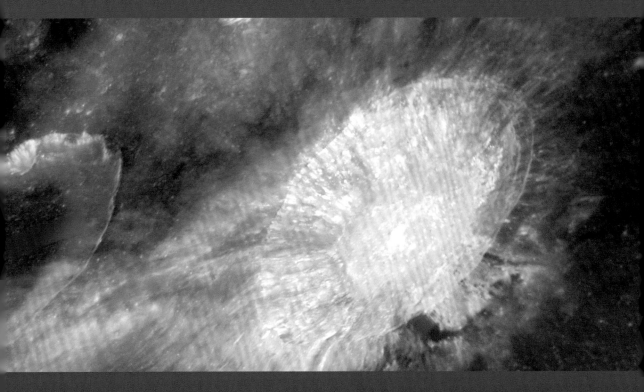

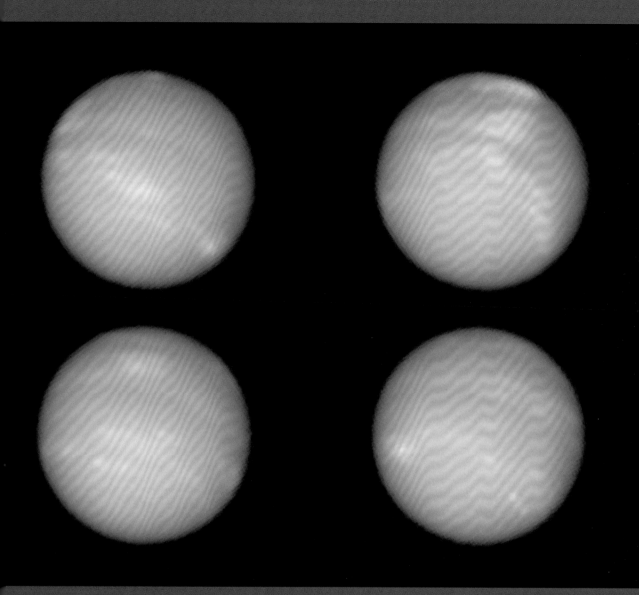

▲ 冰风暴

2011 年 6 月 25—26 日

这 4 张太阳系最外层的行星——海王星的图片，可以看到这个冰巨人的全貌。它们展示了由甲烷冰晶组成的高空云团，通过反射红外线而呈粉红色。它们与地球特有的淡蓝色（因为地球的大气吸收了红光）形成了鲜明对比。

斑斑撞痕 ▶

1994 年 7 月

1994 年 7 月 16 日，舒梅克 - 列维 9 号彗星在潮汐力的作用下支离破碎，并撞向木星。哈勃空间望远镜观测到木星表面的巨大变化，黑色的碎片被抛到这颗气体巨星的浅色云层上方。

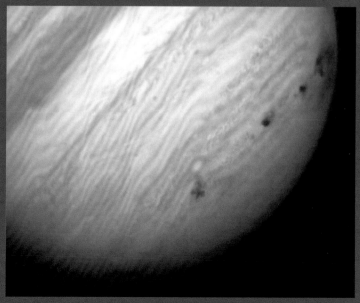

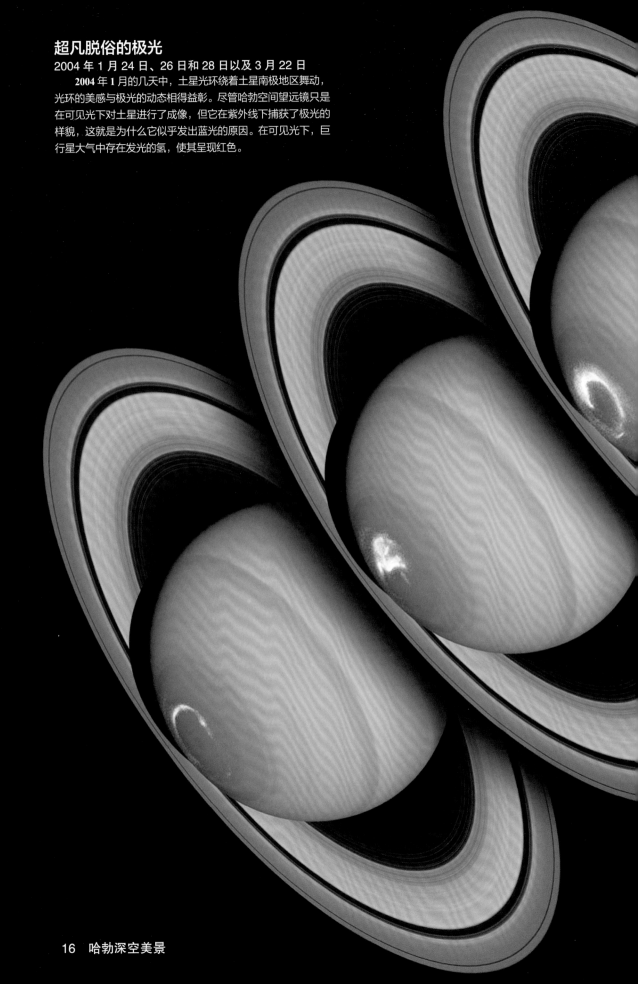

超凡脱俗的极光
2004 年 1 月 24 日、26 日和 28 日以及 3 月 22 日

　　2004 年 1 月的几天中，土星光环绕着土星南极地区舞动，光环的美感与极光的动态相得益彰。尽管哈勃空间望远镜只是在可见光下对土星进行了成像，但它在紫外线下捕获了极光的样貌，这就是为什么它似乎发出蓝光的原因。在可见光下，巨行星大气中存在发光的氢，使其呈现红色。

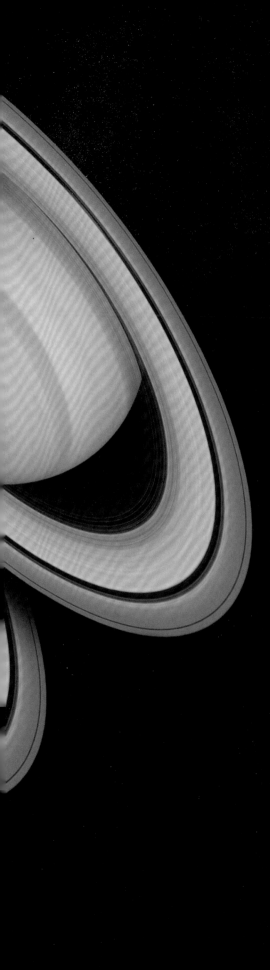

▼紫外光下的木卫一

1997 年 7 月 5 日

　　哈勃空间望远镜在木星卫星木卫一飞越木星的过程中通过紫外线拍摄了这幅图片，这帮助天文学家测量了这颗卫星的火山灰成分。这些图像表明火山喷发物由二氧化硫霜组成。当图像被锐化之后，科学家们可以看出羽状物在这颗卫星表面延伸了 **200** 千米。

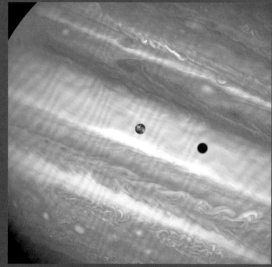

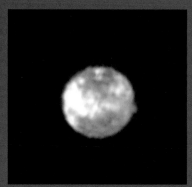

▼ 交错的光环

2003 年、2005 年和 2007 年

　　这些天王星的图片展示了从地球上看到的冰巨星光环系统随着时间的变化。随着天王星在其 **84** 年的轨道上绕太阳运动，我们看到的天王星光环变得不那么倾斜，直到它看起来呈现出最终图像中的侧向模样。这是天王星光环第一张交错的照片，上次发生时我们还不知道光环的存在。

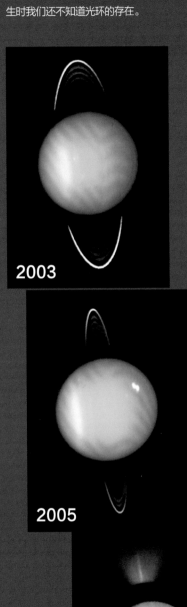

2003

2005

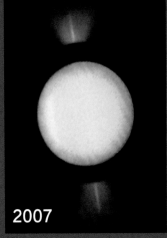

2007

狂暴地形

2012 年 1 月 11 日

这幅图片揭示了位于月球南半球的第谷陨石坑的暴力形成过程。这个 80 千米宽的靶心是大约 1 亿年前的一次小行星撞击产生的，当时撞击坑的边缘物质被抬高到距月面上方近 5 千米处，喷溅出数百千米的浅色碎片。

▲ 自然视角

1995 年 7 月 9 日

　　哈勃空间望远镜总部的专家处理了这幅土星的图片，呈现了人眼可能所见的光环行星的模样。用这样的方式，这颗气态行星的氨和甲烷冰带比我们想象的还要柔和。

◀ 彗星链

2006 年 4 月 18 日

　　2006 年，随着彗星 **73P** / 施瓦斯曼 - 瓦赫曼 **3** 号彗星靠近太阳，热量、重力和动态应力将脆弱而古老的冰体分裂成了一连串的 **30** 多个独立碎片。其中一个碎片的特写镜头展示了一块房屋大小的冰块跟随在主体后面，提供了比当时从地面能观测到的更细致的图像。

与火星面对面 ▶

2001 年 6 月 26 日

　　悬挂在红色星球表面上方的是冰冷的白色水冰云，而沙尘暴给行星带来了阴霾。哈勃空间望远镜的真彩色图像显示了火星天气的季节性变化，这幅图像帮助火星着陆器团队进行了任务规划。

▲ 失踪的腰带
2010 年 6 月 7 日

　　这里可以细致地看到木星的条带，但其中的一条失踪了。2010 年，深色的木星南赤道带被一层白云所覆盖，使其弱化为盘底部的一连串斑点。

▼ 极光加冕
1998 年 11 月 26 日

　　这幅图像显示高能电子撞击木星北极地区上方的大气层。这颗星球的磁场创造了太阳系中一些最劲爆的演出。

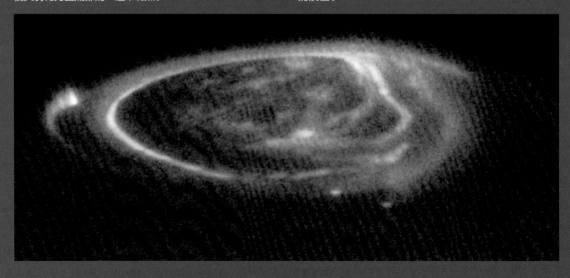

▼ 极区风暴

1999 年 5 月 19 日

当哈勃空间望远镜通过蓝光拍摄时，火星北极冰盖附近的这场凶猛风暴的宽度超过 1600 千米。在西部边缘（左边）赤道附近的云层中穿出的黑点是高达 25 千米的艾斯克雷尔斯火山之巅。

▲ 遥远的卫星

2005 年 9 月 1 日

这里展示了海王星富含甲烷的蓝色圆盘及其 13 颗已知卫星中的 4 颗。图中（顶部顺时针）分别是海卫八、海卫七、海卫五和海卫六。

▲ 冥王星的随从

2006 年 6 月 22 日

哈勃空间望远镜在 2005 年新发现了两颗绕着矮行星冥王星运行的卫星，它们被命名为冥卫二尼克斯和冥卫三九头蛇。它们离冥王星的距离大约是冥卫一卡戎的 5 倍。

▼ 撞击坑特写

2006 年 4 月 16 日

哥白尼陨石坑的这张特写显示了阶梯状斜坡和散落在撞击坑地面上的碎片堆。该图像的分辨率极高，甚至可以分辨出小至 85 米的细节。

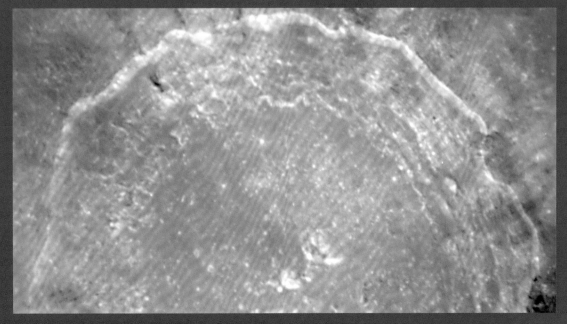

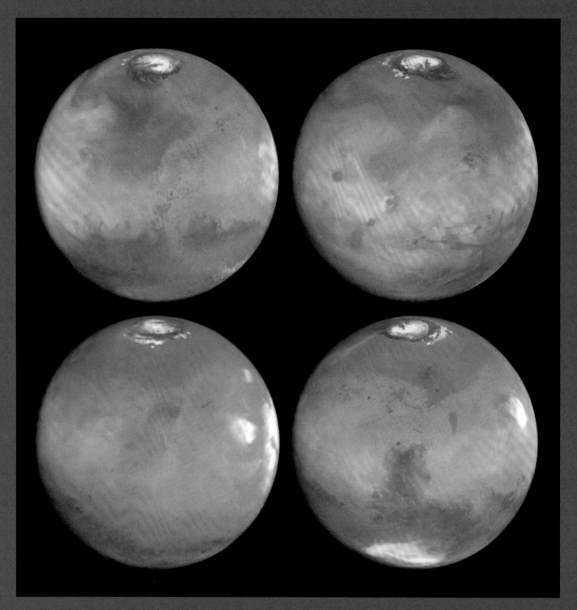

▲ 4 张脸孔

2007 年 3 月 30 日

在上面的每幅图像中，火星旋转了大约 **90** 度。左上图显示了阿西达里亚平原的暗区，而右上方的塔尔西斯火山则很突出。在左下方的图像中有一个相对无特征的扇区，而右下方的图中，圆盘由黑暗的大瑟提斯地形主导。

翻腾的云 ▶

2007 年 9 月 28 日

类似这样的天王星图像让科学家们能够研究这颗距离太阳 **30** 亿千米的冰冷世界的风暴大气。中央条带右侧的黑暗漩涡大到可以吞下 2/3 个美国，大小为 1700 千米 ×3000 千米。

▲羞涩的卫星

2008 年 12 月 18 日

在消失在木星身后之前，木星的卫星木卫三透露了它的一些细节。它的黑色岩质表面与气态巨行星表面卷曲柔和的赭色形成了鲜明对比。

▼ 五彩斑斓的土星

1998 年 4 月 23 日

这是红外线下成像的被光环环绕的土星。蓝色表示透明层，绿色和黄色表示主云团上方的雾，而红色和橙色表示正在接近大气层的云。

影子游戏

2014 年 4 月 21 日

　　在监测木星大红斑的变化时，木星卫星木卫三的阴影掠过了风暴的中心。让这颗巨行星看起来像是有一个直径 16 万千米的眼睛及瞳孔，木星似乎正在回望着我们。

▲云和光环

1998 年 8 月 8 日

　　这张天王星的图像展示了绕转行星转动速度超过 500 千米 / 小时的明亮云团。其中，右侧的一块云团是拍摄这幅图像时天王星上面最亮的云团之一。

▼ 黑白戏剧

2003 年 8 月 27 日

　　在这幅火星的超清晰视图中，每个像素只有 6 千米宽。它展示了长达 4000 千米的马惹尼峡谷复合地貌、太阳湖（左下角）和最左侧的塔尔西斯高原。

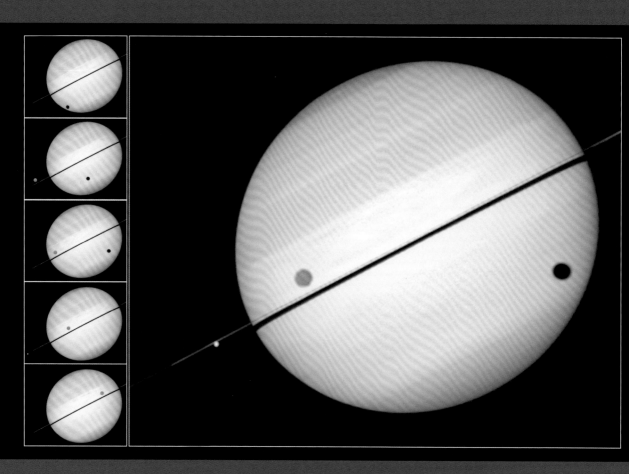

▲追逐影子

1995 年 8 月 6 日

土星的深褐色卫星土卫六泰坦穿过行星盘稀薄的云层，追寻着自己的影子。左侧土星光环下恰巧可以看到的卫星是土卫三特提斯。

冰冷的闯入者 ▶

2013 年 10 月 9 日

哈勃空间望远镜在 2013 年拍摄的造访内太阳系的艾森彗星的最佳图像之一。虽然没有很好地分辨出彗星的头部，但光滑的彗发表明彗星在与太阳的相互作用中尚未被瓦解。

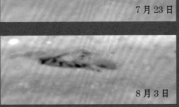
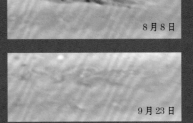

▲ 撞击伤痕

2009 年 7 月 23 日—9 月 23 日

不只是月球上才有布满撞击的伤痕，上图是木星在 2009 年被撞击时出现的图像。特写图像显示出木星的风在使撞击痕迹缩小。

▼ 伽利略卫星列队

2015 年 1 月 24 日

木星的 3 颗卫星在穿过漩涡云层时和它们的影子一起被拍摄下来。木卫二位于左下方，木卫四位于上方，而木卫一则靠近气态巨行星的另一侧。

7 月 23 日

8 月 8 日

8 月 3 日

9 月 23 日

空间望远镜剖析

哈勃空间望远镜内部都是望远镜远程操作所需要的系统。外壳和太阳能帆板阵列为 **RC** 卡塞格林光学系统提供保护和电力，以收集来自太空中遥远天体的光线并将其发送到 **6** 个机载仪器中。在以数字数据的形式传输给地球上的天文学家之前，这些仪器将对星光进行分析。

通信天线

将数字化观测数据传送回地球并接收控制团队技术人员的指示。

计算机支持系统模块

包含用于通信、导航和电力的设备和系统。

外罩

多个隔热层和薄铝表皮可抵御极端温度和辐射。

轴向科学仪器舱

主镜背后有 **4** 个装有照相机和摄谱仪的单元。

精确导星传感器

3 个光学传感器，用于保持望远镜指向目标。

径向科学仪器舱

望远镜边缘的 **4** 个单元，照相机和传感器位于其中。

主镜

直径为 **2.4** 米的凹面镜将来自观测目标的光聚焦到副镜上。

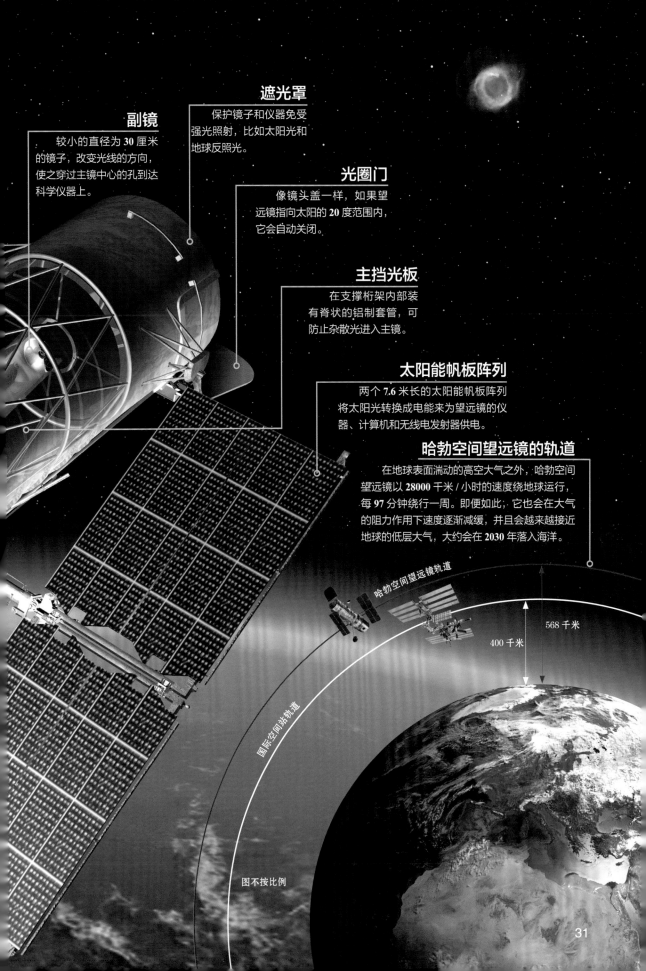

副镜

较小的直径为 30 厘米的镜子，改变光线的方向，使之穿过主镜中心的孔到达科学仪器上。

遮光罩

保护镜子和仪器免受强光照射，比如太阳光和地球反照光。

光圈门

像镜头盖一样，如果望远镜指向太阳的 20 度范围内，它会自动关闭。

主挡光板

在支撑桁架内部装有脊状的铝制套管，可防止杂散光进入主镜。

太阳能帆板阵列

两个 7.6 米长的太阳能帆板阵列将太阳光转换成电能来为望远镜的仪器、计算机和无线电发射器供电。

哈勃空间望远镜的轨道

在地球表面湍动的高空大气之外，哈勃空间望远镜以 28000 千米 / 小时的速度绕地球运行，每 97 分钟绕行一周。即便如此，它也会在大气的阻力作用下速度逐渐减缓，并且会越来越接近地球的低层大气，大约会在 2030 年落入海洋。

哈勃空间望远镜轨道

568 千米

400 千米

国际空间站轨道

图不按比例

恒 星

哈勃空间望远镜在过去 1/4 多世纪里对恒星的观测，彻底改变了天文学家对恒星生命周期各个阶段的理解，从在过热的尘埃和气体云中诞生的那一刻开始，到这些巨大的天体在被称为超新星的毁灭性爆发中死去。由于哈勃空间望远镜的使用寿命很长，因此它能够观测恒星演化的每一个阶段。恒星和哈勃空间望远镜一起成长和发展，为我们提供了关于恒星演化的重要信息，这其中不仅是那些我们星系里的恒星，还包括邻近星系里的恒星。

▲麦哲伦云中的宝石

2004 年 11 月 8 日

这个被称为 **NGC 265** 的疏散星团距离我们 **20** 万光年，它位于我们星系最近的邻居之一——小麦哲伦云中。星团中璀璨的恒星证明了哈勃空间望远镜即使在如此遥远的距离上也能清晰地捕捉到天体的图像。

▲ 爆发的恒星

2006 年 12 月 6 日

这里拍摄的是 SN 1987A，这是一颗恒星在超新星爆发中死亡后所剩下的全部。巨大爆发产生的冲击碰撞着周围一圈一光年宽的环状残骸，即图中粉红色的部分。

▼ 传播中的激波

1994 年 9 月 24 日—2003 年 11 月 28 日

自发射以来，哈勃空间望远镜一直在绘制 SN 1987A 的演化图，这给了天文学家一个独特的机会来研究正在形成的激波以及它中心的恒星残骸。

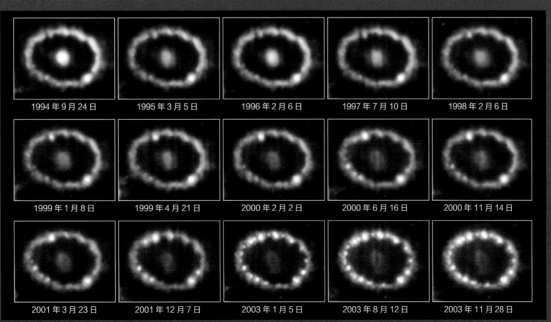

1994 年 9 月 24 日	1995 年 3 月 5 日	1996 年 2 月 6 日	1997 年 7 月 10 日	1998 年 2 月 6 日
1999 年 1 月 8 日	1999 年 4 月 21 日	2000 年 2 月 2 日	2000 年 6 月 16 日	2000 年 11 月 14 日
2001 年 3 月 23 日	2001 年 12 月 7 日	2003 年 1 月 5 日	2003 年 8 月 12 日	2003 年 11 月 28 日

◀ 恒星之城

2002 年 6 月 27—30 日

　　半人马座欧米茄球状星团的核心闪烁着 200 万颗恒星的光芒，但这只是整个星团中 1000 万颗恒星的一小部分。它是银河系中体积最大、质量最大的球状星团。

▲ 远古之光

2001 年 1—4 月

　　通过对另一个球状星团 M4 的研究，哈勃空间望远镜发现它是宇宙中一些最古老的恒星（白矮星）的家，这些白矮星大约有 120 亿~130 亿年的历史。

▲ 矮星伴侣

2005 年 2 月 10 日、15 日

　　图像中央的红矮星有一个更小更暗的伴星，一颗褐矮星。很难相信这颗伴星的大小是木星的 12 倍，而木星是太阳系中最大的行星。

恒星诞生地 ▶

2009 年 10 月 27—30 日

通过红外波段，我们可以看到剑鱼座 30 号星云中新形成的恒星的数量。这个恒星形成区位于大麦哲伦云，它是我们银河系的一个卫星星系。

▲星系邻居

2010 年 7 月—2013 年 10 月

在这张横跨 **4.8** 万光年的仙女星系 **M31** 的全景图中，有超过 **1** 亿颗恒星。其中被放大的区域表明，哈勃空间望远镜已经足够强大，能够分辨出距离地球 **250** 万光年的星系中的单颗恒星。这两幅图中较大、较亮的恒星都是我们银河系中的前景天体。

◀ 闪亮登场

2009 年 8 月和 12 月

图中央包含有璀璨恒星的星团名为 NGC 3603，距离地球 2 万光年。强烈的紫外辐射从这些巨大的天体喷涌而出，将周围的气体尘埃云吹出一个巨大的空洞，从而为这个令人印象深刻的星团中心提供了清晰的视野。

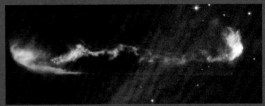

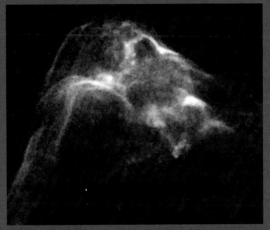

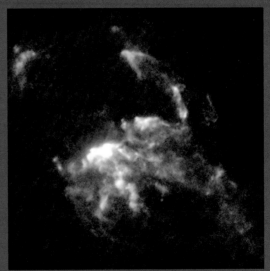

▲ 弓形激波

1994 年 3 月—2007 年 8 月

上图中，3 颗赫比格 - 阿罗天体中的气体和尘埃团发出蓝色和橙色的光，它们是年轻恒星的急速喷流撞上缓慢移动的气体而发生的效应，并随着物质被加热而产生了弓形激波。这些天体距离地球约 1350 光年，上面的那颗位于船帆座，下面的两颗位于猎户大星云附近。

1999 年 12 月，哈勃空间望远镜完成了第三次修复任务，更换了陀螺仪，使其能够精确地校准自身的姿态

1990 年 4 月 24 日，哈勃空间望远镜在发现号航天器上发射升空，第二天就进入了它自己的轨道。但是，尽管进行了十多年的准备工作，哈勃空间望远镜的首次操作却是惨败结局。这台价值 15 亿美元的仪器被认为能提供有史以来最清晰的深空视野，但其图像却模糊不清。原来，哈勃空间望远镜的主镜边缘被多磨了 4 微米的厚度，也就是人类头发粗细的 1 / 50。

幸运的是，哈勃空间望远镜被设计为可由航天器机组人员定期维修的，NASA 为这个畸形的主镜想出了一个巧妙的修复方案。它是望远镜目镜一端的一个装置，那里是主镜收集的光线应该聚焦在探测器阵列和传感器上的位置，这个装置被称为光学空间望远镜轴向置换矫正系统（COSTAR）。它的支撑硬件大约有一个老式的英国红色电话亭那么大，但里面的组件是微小的矫正镜，每一个都比一个 10 便士的硬币小，并且安装在可调节的精密臂上。

哈勃空间望远镜需要戴眼镜

1993 年 12 月 2 日，奋进号航天器搭载着一组救援人员升空。哈勃空间望远镜被拉进了奋进号的货舱，宇航员斯托里·马斯格（雷夫）、杰弗里·霍夫曼、托马斯·阿克斯和凯瑟琳·桑顿可以在那里修复它。他们安装了一套改进的太阳能电池阵列，

维修
哈勃空间望远镜

如果不是因为修复任务，哈勃空间望远镜就是一个失败的作品。皮尔斯·毕卓尼讲述了维修空间望远镜的工作人员的故事

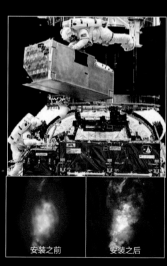

安装之前　　安装之后

▲ 哈勃空间望远镜在 1993 年安装了 COSTAR，修正了主镜上的缺陷，将望远镜能够捕捉到的图像聚焦到焦点上。

1997 年的第二次修复任务帮助哈勃空间望远镜能够看透尘埃云

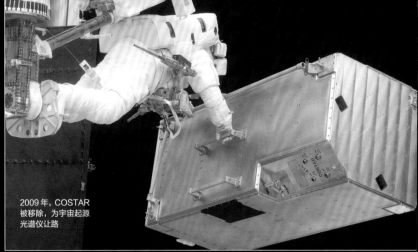

2009 年，COSTAR 被移除，为宇宙起源光谱仪让路

并在 35 小时的太空行走期间安装了 COSTAR 和其他设备。

COSTAR 起效了。哈勃空间望远镜最初几周的不稳定状态很快就被人们遗忘了，它成为历史上最受欢迎的科学仪器。令人眼花缭乱的恒星温床和遥远星系的图像给天文学家和宇宙学家带来了新的见解，改变了公众对宇宙的理解。

发现号执行了第二次修复任务，STS-82 于 1997 年 2 月 11 日升空。新仪器将哈勃空间望远镜的灵敏范围扩展到光谱的近红外区域，使我们能够看到星际尘埃云后面的东西，这些尘埃云往往会掩盖掉红外波段以外的其他波长。在哈勃空间望远镜的陀螺仪出现故障后（如果没有它们，望远镜就无法稳定地对准观测目标），1999 年 12 月，发现号搭载了第三个维修小组升空。

哥伦比亚号于 2002 年 3 月 1 日被派遣进行了第四次维修。在那次任务结束后，哈勃空间望远镜的状态还算不错，但 NASA 在其他方面出了问题。11 个月后，即 2003 年 2 月 1 日，哥伦比亚号在重返大气层时解体，在此之前，它刚完成了一项完美的微重力科学任务的最终阶段。NASA 失去了宇航员们。

值得冒的风险

新的安全规则规定，除非在紧急情况下能够到达国际空间站，否则任何航天器都不能发射。由于哈勃空间望远镜在距地球 568 千米的轨道上运行，而空间站在距地球约 400 千米的轨道上飞行，因此轨道的不匹配无法调和。当最终的修复任务被取消时，哈勃空间望远镜看起来可能会被遗弃。

但令人难以置信的事情发生了：公众舆论认为，如果 NASA 打算拿宇航员的生命冒险，那么它应该为了一些显然值得做的事情而这么做，比如维护哈勃空间望远镜。国际科学界也有同感。作为回应，2004 年 5 月 11 日，

NASA 发射亚特兰蒂斯号以完成最后一次修复任务，而奋进号则在另一个发射台上准备就绪，以备救援之用。

亚特兰蒂斯号执行了最后一次任务。在这一阶段，哈勃空间望远镜的升级仪器自身加入了光学校正系统，因此 COSTAR 被移除，被新的光谱仪器所取代。最后，在哈勃空间望远镜的基台上安装了一个抓钩，等待着有一天，一个小型机器人拖船会过来推着哈勃空间望远镜返回家园，以便安全处理，并举行一场隆重的告别。在将来的某个时刻，当这一切发生的时候，世界肯定会对哈勃空间望远镜所取得的一切表示感谢。

关于作者

皮尔斯·毕卓尼是记者兼作家，专攻天文学和太空，他的新书《新太空前沿》于 2014 年 11 月出版。

宇航员视角

成为维护空间望远镜的宇航员团队的一员是什么感觉？

当我们观看宇航员与哈勃空间望远镜一起工作的存档视频时，一切都显得如此平静和有序，而事实却完全不同。1993 年参与第一次救援任务的资深宇航员凯西·桑顿把修复工作描述为"……就像戴着棒球手套试图调整卡车上的汽化器。在电视上看起来很轻松，但真的很累。"

桑顿的同事杰弗里·霍夫曼指出，虽然哈勃空间望远镜的设计初衷是由宇航员提供维护，但却出现了许多意想不到的问题。

▲ 奥恩·格伦斯菲尔德（左）和德鲁·费尔韦尔在 2009 年开始最后的维修工作。

例如，有一次一个陀螺仪系统的检修门被发现变形了。霍夫曼说："这是人们从未想到过的事情，我们也从未为此训练过。人们总是认为这扇门能被打开，但它却没有关上。"

宇航员们与任务控制人员合作，解决了这个问题。哈勃空间望远镜项目说明了在太空中，在人类和机器之间，选择并不总是简单明了的，成功的任务往往两者都需要。

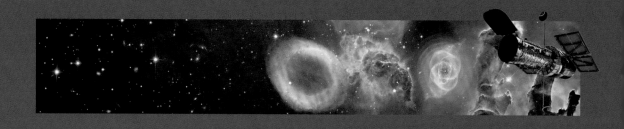

星 云

哈勃空间望远镜拍摄的星云图像也许是这个空间望远镜拍摄的所有图片中最不朽、最美丽的。虽然被拍摄的星云仅仅是由冷尘埃和气体组成的云团，但和辐射的相互作用使这些星云能发出多种波长的光，当把这些光转换为可见光谱时，就会呈现出极其诱人的色彩。行星状星云的雕塑感和跨越光年的反射星云的彻底浪漫主义，正好和这些观测的科学价值相匹配，这让我们对恒星诞生和最终死亡的过程有了更深入的了解。

▼ 幽灵般的影子

2000 年 1 月 21 日

　　在位于猎户座的一个反射星云朦胧光线的映衬下，由不透明气体和尘埃组成的"博克球状体"投影在孕育中的恒星系统周围。星云被另一颗年轻恒星散射出的光芒照亮——在球状体的左边可以看到炽热的白色恒星猎户座 V380。

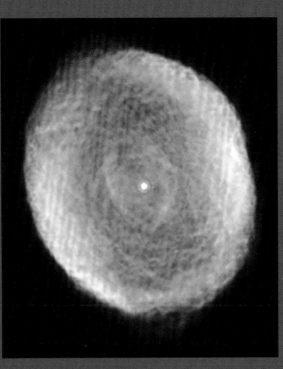

◀ 太空呼吸描记器

1999 年 2 月和 9 月

　　错综复杂的气体网络在万花尺星云 IC 418 的发光气泡上描绘出几何图案。这个行星状星云是一颗红巨星的外包层，红巨星现在已经演化为一颗白矮星，它位于离我们约 2000 光年的天兔座中。

恒星诞生的大锅

2005 年 3—7 月

富含尘埃的树干状气柱从船底星云（NGC 3372）的云层中冒出来。船底星云是我们星系中最大、最令人印象深刻的恒星诞生区之一。这些气柱标志着新恒星诞生时物质的聚集。

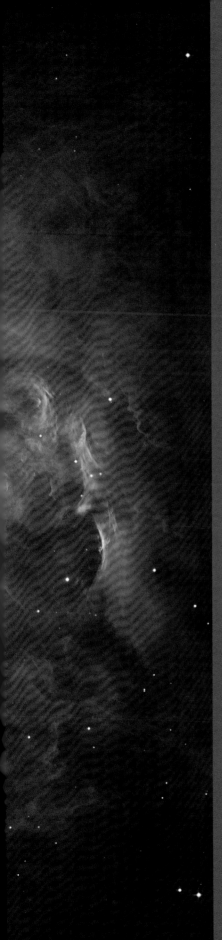

◀ 盛开的星云

2004 年 10 月—2005 年 4 月

　　这是猎户座星云 **M42** 的图片，呈现出 **3000** 多颗恒星，其中许多颗是最近才在天空中最明亮的造星星云中诞生的。图片下半部分的暗红色恒星是褐矮星，这是首次在可见光波段看到它。

▲ 起步翱翔

2004 年 11 月 4—7 日

　　在激发态的氧（蓝色）和氢（红色）的衬托下，这个在鹰状星云 **M16** 中形成恒星的气体和尘埃柱似乎正在长出翅膀。图中最暗的长结有 **9.5** 光年长，那里是新恒星诞生的地方。

▲ 星尘风光

2006 年 3 月和 2008 年 7 月

在哈勃遗产项目提供的这张图片中，其色彩不禁让人想起地球上的风景，在图片的下半部分，连绵起伏的尘埃气体云跨越了 **13** 光年的空间。它们位于 **NGC 3324**，巨大的船底星云复合体的一个边缘区域。

◀ 恒星残骸

1998 年 11 月 14 日，1999 年 4 月 27 日，以及 2000 年 7 月 14 日

大麦哲伦云中的这些像撕碎了的面纱一样的气体是超新星爆发的遗迹，爆发以惊人的速度将一颗大质量恒星的外层炸向周围的太空。在爆发 **5000** 年后，这个被称为 **LMC N49** 的超新星遗迹已经增长到 **90** 光年宽。

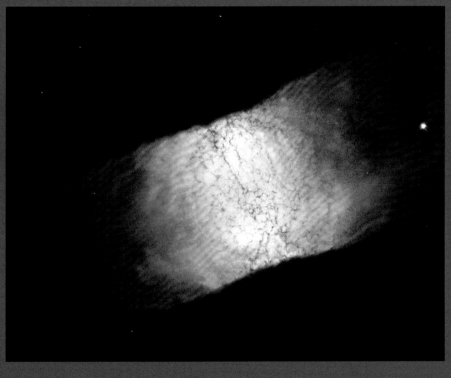

◀ **太空
甜甜圈**

2001 年 6 月 28
日和 2002 年 1
月 19 日

　　这张位于天
兔座的行星状星云
IC 4406 的图像色
彩斑斓，呈现出错
综复杂的细节，这
就是为什么它被称
为"视网膜"的原
因。实际上，这只
宇宙之眼是由于环
状的膨胀气体环绕
着一颗濒死的恒星
而形成的，在地球
上我们恰巧看到的
是它的侧向。

缠结螺旋

2002 年 11 月 19 日

　　这张令人惊叹的图片是位于宝瓶座的螺旋星云 **NGC 7293**，图像结合了哈勃空间望远镜用于巡天的先进照相机和智利 **CTIO** 的 **Mosaic II** 照相机拍摄的照片。尽管该星云看起来像平坦的环状星云，但这个行星状星云实际上有着复杂的三维结构，由两个重叠的气体盘组成，它们几乎相互垂直地从中心恒星喷射出来。

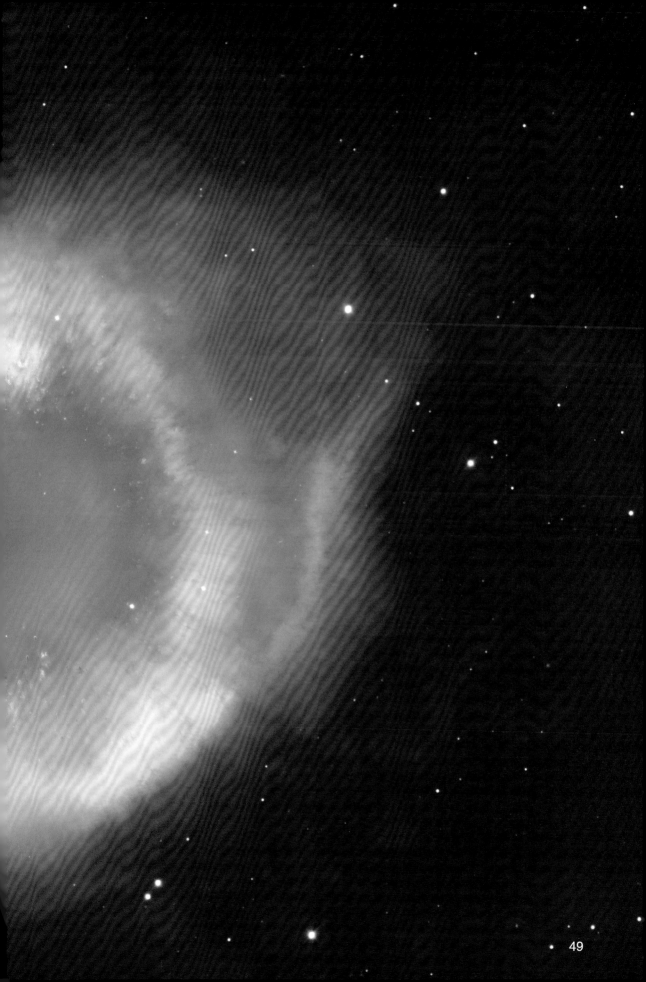

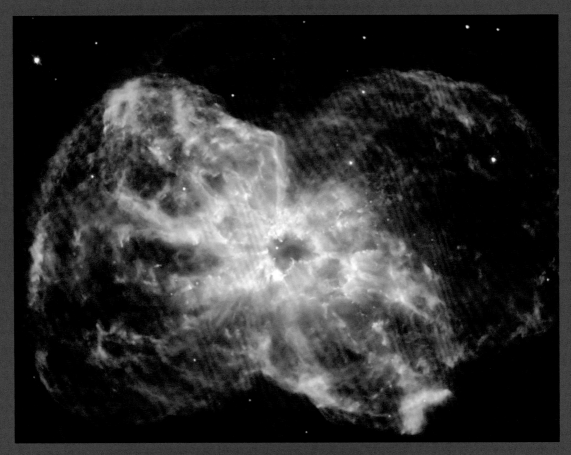

▲ 垂死的恒星

2007 年 2 月 6 日

　　船尾座中的双叶行星状星云 NGC 2440，位于大约 3600 光年之外。星云被其内部一颗已知的最炽热的白矮星所照亮——这是一颗曾经的类太阳恒星燃尽的核心，它的表面温度仍然超过 20 万摄氏度。

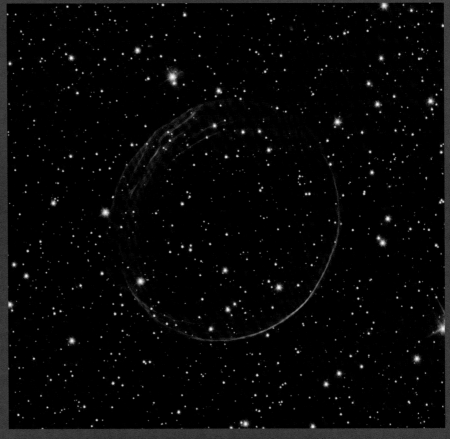

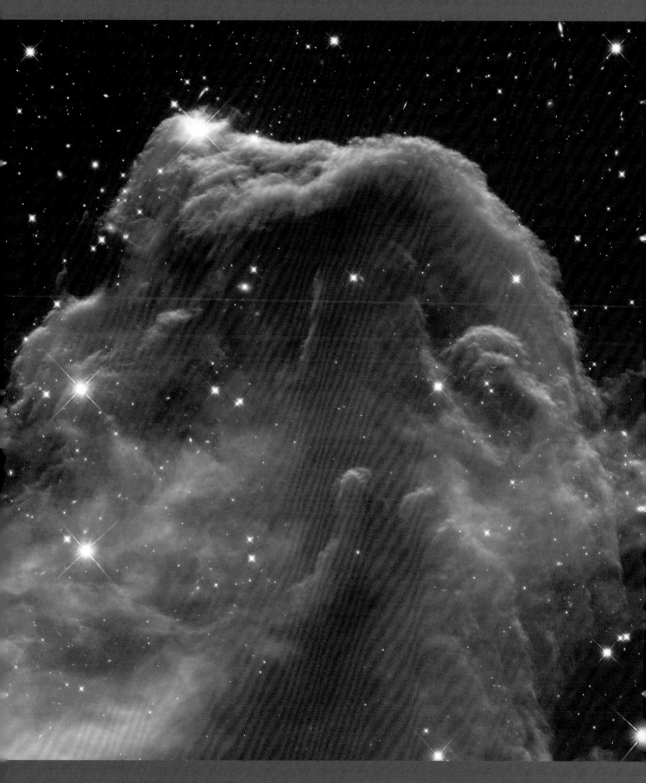

◄ 宇宙烟圈
2006 年 10 月 28 日和 2010 年 11 月 4 日

    大麦哲伦云中这个精致的气泡是巨大恒星爆发后的残骸。这个被称为 **SNR0509-67.5** 的气泡，是大约 **400** 年前南半球的天文观测者观测到的超新星爆发的残骸。

▲ 红色马头
2012 年 10 月 22 日—11 月 7 日

    哈勃空间望远镜利用其宽视场相机 **3** 上的红外探测器捕捉到了马头星云的这一景象。它通常被认为是背景星云前叠加的暗黑尘埃云，红外波段揭示了翻腾的正在形成恒星的气体云，其中混杂着尘埃。

▲ 著名的残骸

1999 年 10 月, 2000 年 1 月和 12 月

　　公元 1054 年, 天文学家在金牛座发现了一颗灿烂夺目的新星——即我们现在所知的超新星 1054。由 24 张哈勃空间望远镜拍摄的图像合成了这幅爆发后的拼接图——著名的蟹状星云。

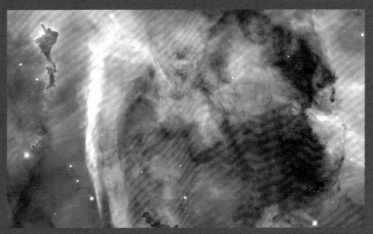

◀ 神秘山脉

2010 年 2 月至 3 月

　　这张船底座星云的圆锥形恒星形成柱是为了纪念哈勃空间望远镜诞生 20 周年而拍摄的。柱状物顶端那对儿像灯塔一样的光束是赫比格 - 阿罗天体——一颗正在快速成长的新生恒星从两极喷出的气体流。

▲ 宇宙锁眼

1999 年 4 月 18 日

　　这张船底座星云的全景图被黑暗的尘埃云所主导——这是锁眼星云区域的一部分。星云左侧的辉光来自图外刚诞生的恒星发出的紫外辐射所激发的伴生气体。

蝴蝶浮现

2009 年 7 月 27 日

在大约 **3800** 光年之外的天蝎座，速度为 **1000** 多千米／小时的气体云从垂死的恒星中逃逸出来，形成了壮观的行星状星云 **NGC 6302**。星云的蝶状形状是由围绕其中心恒星的致密尘埃气体环所形成，同时将逃逸出来的气体挤压成双瓣形。

沙暴前线 ▶

1999 年 5 月 29—30 日

在人马座，炽热的气体云和尘埃形成了天鹅或欧米茄星云（梅西叶 17 号天体）的一段边缘。伪彩色表示了硫（红色）、氧（蓝色）和热氢（绿色）的存在。这片星云被图片左上方恒星发出的紫外线辐射所激发。

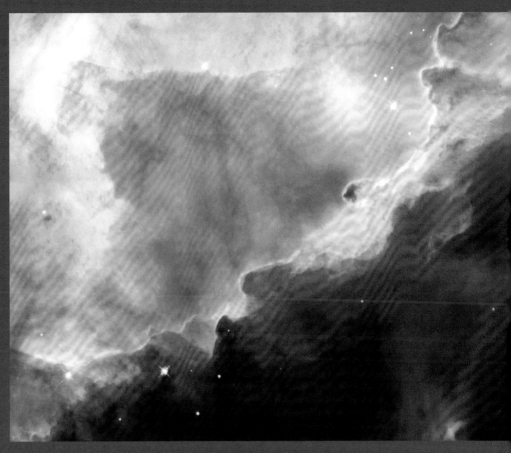

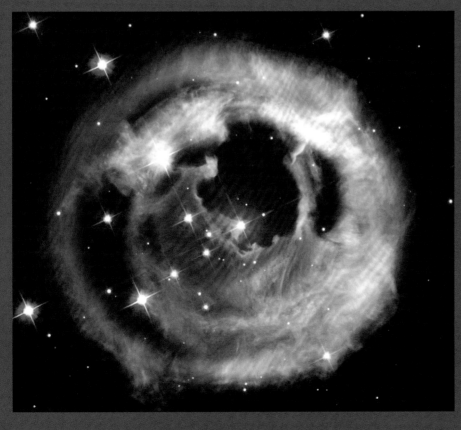

◀ 太空回声

2004 年 10 月 23 日

2002 年 初，天文学家监测到一颗名为 V838 的大质量恒星发出耀眼光芒，这颗恒星距离地球 2 万光年。造成这次喷发的确切原因尚不清楚，但在接下来的几年里，哈勃空间望远镜追踪到了光线从气体云反射而产生的"回声"。

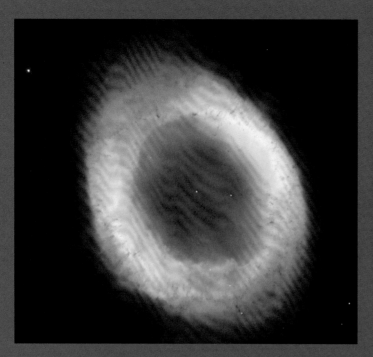

▲ 环的变幻
1998 年 10 月 16 日

　　这幅图片为天琴座环状星云 **M57** 投下了新的光芒。天文学家曾经认为它是一个球形气泡，无论从什么方向看起来都是环状，但哈勃空间望远镜的新观测揭示了我们实际上看到的是一个圆柱形星云的一端。

▼ 曲美
2002 年 5 月 4 日

　　猫眼星云 **NGC 6543** 的"瞳孔"是一个在系列同心环内扭结的气泡系统。这些环被认为是由间隔 **1500** 年的多次喷发形成的，而内部的扭曲结构则是在过去的 **1000** 年里形成的。

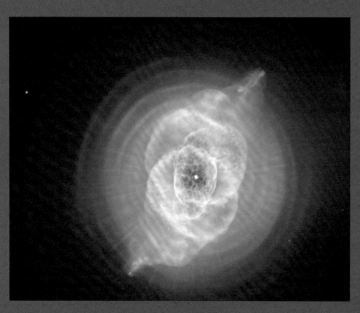

隐藏的宝藏 ▶
2010 年 3 月 31 日—4 月 29 日

　　新生恒星星团 **NGC 602**，坐落在小麦哲伦云的洞穴状星云中。来自这些恒星的辐射正在缓慢蒸发这个天体洞穴的墙壁并将其向后推，从而露出钟乳石状的柱子，柱子中不断孕育着新的恒星。

2005 年 3 月和 7 月

哈勃空间望远镜用于巡天的高端照相机拍摄的 **48** 幅图像与 CTIO 望远镜拍摄的图像相结合，构成了船底座星云的全景拼接图。最左边的亮星是船底座海山二星，它是一颗不稳定的超大质量双星，即将发生超新星爆发。

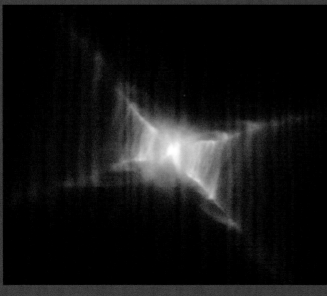

▲ 天堂里的天使

2011 年 2 月 12—13 日

    Sharpless 2-106 是位于天鹅座的一个行星状星云，距地球约 **2000** 光年。当它延展的气瓣充满了来自隐藏在中心的恒星的辐射时，激发和反射的共同作用照亮了行星状星云的"天使之翼"。

◀ 红色矩形

1999 年 3 月 17 日

    麒麟座行星状星云 **HD 44179** 奇特的阶梯状几何形状是由独一无二的巧合创造出来的。中心的恒星将其外层喷出，形成一系列的圆锥形气泡，这样的喷发每隔几个世纪就会发生一次。从侧面看去，这些气泡围绕着中心明亮的"**X**"构造出一个类似阶梯的结构。

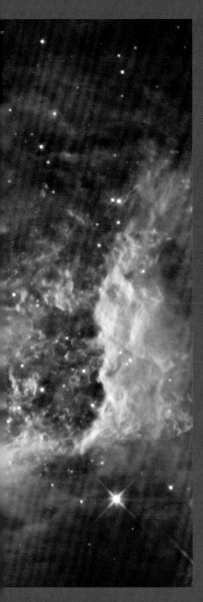

风暴突现 ▶

2009 年 7 月

2009 年，哈勃空间望远镜
测试了新安装的宽视场相机 3
（WFC3），拍摄了包括船底星云
在内的目标，这幅图聚焦了由正
在形成恒星的气体和尘埃组成的
滚滚云柱。WFC3 的观测能力覆
盖了从紫外到红外波段，从而揭
示了隐藏在星云深处的新生恒星
的暗红色光芒。

蜘蛛之心

2011 年 10 月

　　大麦哲伦云中的蜘蛛星云是邻近宇宙中最大的恒星形成区，也是迄今为止发现的质量最大的恒星的所在地。这张由哈勃空间望远镜拍摄的星云中央空腔的照片揭示了在强烈辐射和强大星风的共同作用下，在其气体和尘埃中产生了湍流和激波。

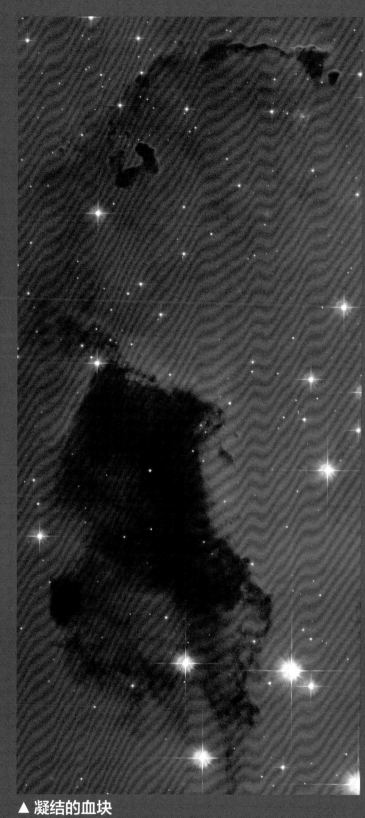

▲ 凝结的血块

2005 年 10 月 31 日

　　这张 **IC1590** 星团的图片显示了隐藏在恒星之间的黑色团块——被称为博克球状体的由不透明尘埃和气体组成的孤立致密团簇。在它们的内部，新的恒星和行星系统正在形成，背景是来自 **NGC 281** 的血红色气体。

太空脸 ▶

2000 年 1 月 10—11 日

在这张美丽的图片中，位于双子座的著名的爱斯基摩星云 NGC 2392 看起来就像一张从毛皮衬里的皮大衣中向外张望的脸。形成"毛皮"的彗星状条纹是由膨胀的气泡追上移动较慢、密度较大的物质而产生的，中央的"脸"则是由一系列重叠的气瓣形成的。

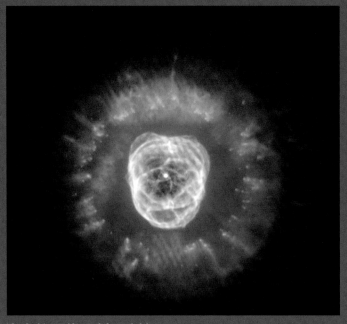

哈勃空间望远镜最伟大的图像及其重制版 ▼▶

1995 年 4 月（下图）和 2014 年 9 月

1995 年，哈勃空间望远镜拍摄的最为著名的图像揭示了梅西叶 16 号天体鹰状星云内部所谓的"创造之柱"，第一次揭示了新生的恒星是如何在这些黑暗的尘埃柱上产生的。2014 年，科学家们用更加先进的 WFC3 照相机重新拍摄了这些尘埃柱，比以往任何时候都更详细地展示了这一壮观的景象——这张照片是为了纪念哈勃空间望远镜 25 周年而发布的。

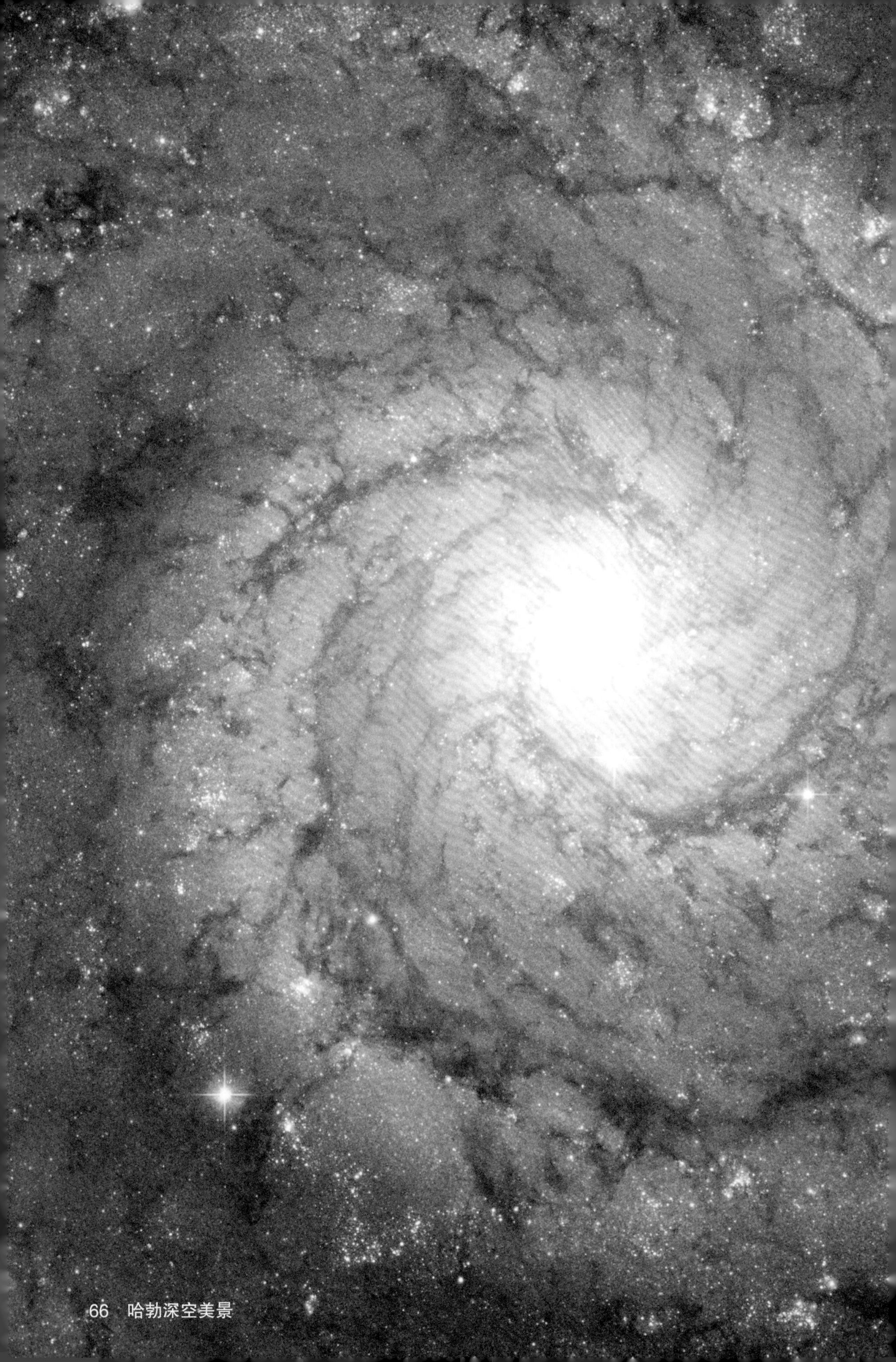

空间成像的艺术

正如罗伯·巴尼诺所发现的那样，将哈勃空间望远镜的数据转换成我们都知道的图像需要大量艰苦的工作。

宏伟壮丽的天文景观吸引了许多人去关注天文学。的确，令人窒息的美景在等待着仰望夜空的人，但在自然状态下，人类的眼睛却没有足够的能力去充分欣赏宇宙的风景。无论纯粹是因为距离太过遥远，还是可见光只占电磁光谱的一小部分，宇宙中仍然隐藏着惊人数量的美景。

最大、最先进的望远镜，比如哈勃空间望远镜，能让我们克服这些障碍，但它实际上并没有向我们展示这些存在于天空中的壮观天体。它只是我们探测那些天体的手段。虽然观测的是接收到光线——包括可见光和不可见光，但这些观测结果最终却以数据的形式呈现在我们的面前。这些数据必须转化为我们眼睛能够识别的东西。

确切地说，如何进行这一转化其过程是多样的，不同的观测对象或使用不同的望远镜来进行观测，转化方法都不同。当今，虽然可见光观测不再是专业天文学家研究宇宙的主要手段，然而，每一幅图像仍然包含千言万语。在这里，来自空间望远镜科学研究所的天文学家将为我们解释哈勃空间望远镜的数据是如何变成我们所钟爱的图像的。

关于作者

罗伯·巴尼诺在过去 12 年里一直担任记者和编辑。他还曾在 BBC《仰望夜空》杂志的科学姊妹杂志《BBC 焦点》工作。

如何处理哈勃空间望远镜的图像

佐尔坦·李维是空间望远镜科学研究所成像小组的负责人

"我们从哈勃空间望远镜的档案数据来开始讲解，这些数据也是天文学家用于分析的数据。这些数据已经经过定标、几何校正、合并、拼接和记录。

（哈勃空间望远镜的）相机只能生成单色图像，除了知道使用了相机里的哪种滤镜之外，它们都不包含任何颜色信息。来自不同滤镜的多个图像可以用来重建彩色图像。这适用于几乎所有的图像数据，无论是可见光的还是不可见光。我们用眼睛能看到哪种程度的内容取决于观测的天体和成像设备。"

1. 线性高光调整

◀▼ 第1步

通常会使用不同的方法来调整每一幅图像的亮度。在这里，图像 **1** 的调整保留了高光部分的细节，但牺牲了较暗区域（阴影）的细节。图像 **2** 的调整显示了阴影中的细节，但牺牲了高光部分的细节。图像 **3** 的调整保留了高光和阴影，并且自始至终保持了色调的范围。这一切都是通过专门的软件完成的，这些软件可以识别天文数据的格式（FITS），然后再将其转换成更标准的格式（TIFF）。

2. 线性阴影调整

3. 高光和阴影的非线性调整

第2步 ▶

同样的调整方法也适用于 **3** 种不同颜色波长的滤光片。最常见的是使用 **3** 种滤光片，有时，来自几个不同滤光片的数据可能会被组合在一起，为我们提供可以组合成颜色的 **3** 种通道。

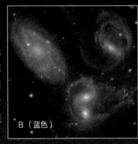

B（蓝色）

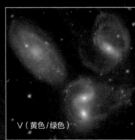

V（黄色/绿色）

I（红色，近红外）

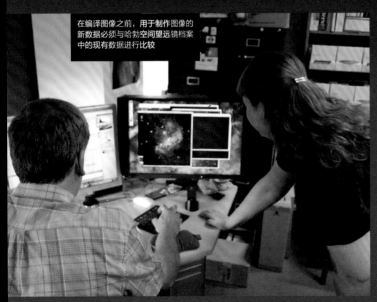

在编译图像之前，用于制作图像的新数据必须与哈勃空间望远镜档案中的现有数据进行比较

在地球表面以上 568 千米的位置，哈勃空间望远镜比任何地面仪器都能更清楚地观察宇宙。没有了大气层产生的扭曲效应，哈勃空间望远镜可以深入地窥视太空，并且生成它所能观测到的天体的惊人图像。

但是，尽管它有像其他望远镜一样的镜子，但它上面并没有目镜或天文学家。因此，在我们能看到观测结果之前，所有哈勃空间望远镜的观测结果都必须转换成数字信息并传送回地球。

空间望远镜科学研究所的雷·维拉德解释说："曝光数据是通过电子方式收集的，储存在空间望远镜上，然后通过无线电信号发回给美国马里兰州格林贝尔特的戈达德太空飞行中心，接着再传回巴尔的摩。"在巴尔的摩，成像工作才真正开始。

"数据中的每一个数字代表一个灰度值，这样你可以制作出一幅单色图像。彩色图片必须利用不同颜色滤镜的拍摄来组合。这些曝光图像被放在一

第3步 ▼

接下来，我们按波长长短的顺序将每种输入的滤光片数据应用到恰当的原色上（最红的滤光片对应红色，蓝色滤光片对应蓝色等）。应用的颜色不需要和滤光片的实际可见颜色相同。这一步和剩下的处理过程都是用标准的照片编辑软件完成的。

蓝色对应
B 滤光片图像

绿色对应
V 滤光片图像

红色对应
I 滤光片图像

第4步 ▼

图像的合成是通过将彩色图像层叠来实现的。

最初的彩色
合成图像

第5步 ▶▼

最后，还要进行调整以改善色调、颜色和对比度，接着进行图像修补以祛除仪器和任何的加工痕迹。

调整复合的
彩色图像

最终图像

起，根据拍摄时使用的滤光片来进行着色。"

换句话说，在单色图像中，通过红色、绿色或蓝色滤光片呈现的灰色渐变显示了图像中这些颜色的不同强度。通过将恰当的红色、绿色或蓝色渐变分配给每幅图像，并将这些图像组合在一起，就能得到一幅全彩色的图像了。

但这还没有完成，维拉德说："还有很多图像处理需要完成。首先，图像有很大的动态范围，因为在黑色的天空背景里有极其明亮的天体。你必须调整灰度值，让所有的值都能符合图片中大部分内容的范围。你还必须移除撞上探测器的宇宙射线，并在图片中添加噪声。"

新式暗室

几乎所有的处理都是用 Adobe Photoshop 软件完成的，这让人不得不惊叹。"Photoshop 对于我们正在做的事情是非常理想的，"维拉德指出，"但问题是，在当今流行文化中，Photoshop 也是欺骗的同义词。人们会说'哦，那张照片是 PS 过的。'"

"嗯，是的。但 Photoshop 只是一个电子暗室。在过去的暗室里，人们做着同样的决定，我要花多长时间去曝光相纸，我要用什么对比滤镜，我要用的白平衡是什么等。我说 Photoshop，人们会说'哦，你在编造图像。'不，我们根据它所发生的辐射类型尽可能地忠实于天体的真实面貌。"

处理哈勃数据的人必须忠实于真正的数据，因为图像是一个重要的信息来源。"天文学家可以从灰度图像中收集他们想要的东西，但彩色图像也可以给予我们信息。"维拉德说，"坦率地讲，一幅带有恰当色调和色彩尺度的引人注目的图像能提供大量的信息。因此它们既有科学价值，对公众来说也有审美价值。"

这一美学价值是为什么维拉德认为哈勃空间望远镜的图像如此受欢迎的原因。"它们在情感层面上具有吸引力，你不需要拥有科学学位就可以欣赏它们。它们有一种神秘的感觉，超越了我们所能理解的东西。比起其他任何望远镜，哈勃空间望远镜以我们从未想象过的方式揭开了宇宙的面纱。"

星 系

哈勃空间望远镜的观测极大地增进了我们对星系形成和演化的认识——比如，大量的氢和更重的元素是如何在星系内循环从而创造出一代又一代恒星的。

在地球湍动的大气层之上飞行，哈勃空间望远镜比任何地基望远镜都更深入地研究了太空——由于光速是有限的，这意味着哈勃空间望远镜也看到了更为久远的过去。但是，在科学之外，哈勃空间望远镜最伟大的成就是它拍摄的美妙图像，不断让看到它们的人为之赞叹、为之惊奇。

▲ 一个旋涡星系

2010 年 1 月 5—7 日

这张位于大熊座的、距离为 4600 万光年的旋涡星系 NGC 2841 的图片显示出明亮的星光亮尖，其指明了星系的中心，旋涡状的尘埃带映衬着发白的中年恒星。年轻的蓝色恒星标示出星系的旋臂。

银河玫瑰 ▶

2010 年 12 月 17 日

位于仙女座的被称为 Arp 273 的相互作用星系群，稍大的旋涡星系 UGC 1810，在其伴星系 UGC 1813 的潮汐作用下被扭曲成玫瑰形状。顶部的蓝色条纹是由无数明亮、炽热的年轻蓝色恒星发出的光芒组合而成。

2010 年 7 月

这张全色图像（从紫外延伸到近红外波段）揭示了通常被尘埃遮蔽的巨大椭圆星系人马座 A 的许多细节。其中包括红色的新恒星形成区域，这可能是由于过去与另一个星系的碰撞或合并产生的冲击波压缩了氢气体云而引发的。

▲ 合二为一

1999 年 4 月 7—9 日

　　NGC 4650A 是已知的仅有的 100 个极环星系之一。这可能是两个星系碰撞的结果，其中一个变成了由老年红色恒星构成的内部圆盘，而另一个则被撕裂，形成了一个新的由尘埃、气体和恒星构成的以近乎直角轨道运行的环。

73

▲尘土飞扬的螺旋星系

1995 年 4—6 月和 1999 年 4 月

　　哈勃空间望远镜对 NGC 4414（位于大约 6000 万光年之外）的测量帮助我们理解了宇宙膨胀的速度。它是典型的螺旋星系，其中心区域包含较古老的黄色和红色恒星；外部的旋臂富含星际尘埃云，是年轻的蓝色恒星的家园。

星系并合▶

2004 年 7 月 21 日和 2005 年 2 月 16 日

　　"触须星系" NGC 4038 和 4039——以从它们的星系核延伸出来的长长的触须状臂而命名，大约在 2 亿~3 亿年前开始相互作用。这让我们前瞻了银河系在几十亿年后与仙女星系相碰撞时可能发生的事情。

◀环环相扣

2001 年 7 月 9 日

　　这张被称为霍格斯天体的不寻常星系的图片展示了一个由热的蓝色恒星组成的近乎完美的环，这些恒星围绕着一个大部分由年老恒星构成的黄色核心旋转。人们认为，这两个部分之间的间隙可能包含了一些太过微弱而看不见的星团。

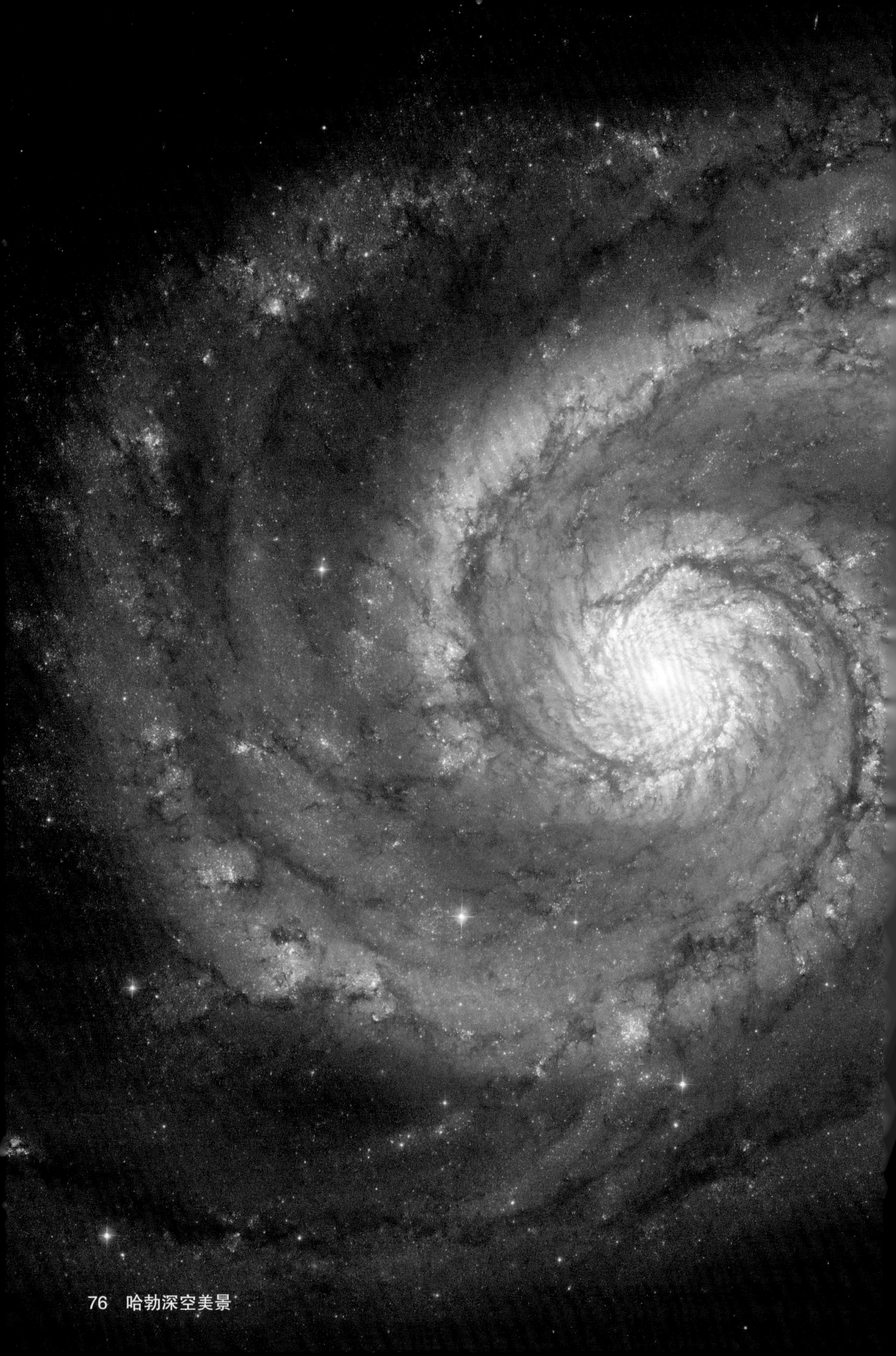

漩涡边缘

2005 年 1 月 18—22 日

这张 M51（NGC 5194）的照片（昵称"漩涡"）展示了一个有着"宏伟设计"的螺旋星系的复杂细节，它的两个弯曲的旋臂充满了明亮的粉色恒星幼儿园和年轻的蓝色恒星。哈勃空间望远镜观测到右边黄色的小星系（NGC 5195）正从漩涡后面经过。

▲ 宇宙手镯

2004 年 1 月
16—17 日

　　星系 **AM 0644-741** 类似于一个镶嵌着钻石的手镯，它的蓝色星团环包裹着一个淡黄色的核，这是星系碰撞过程中剧烈结构变化和大量新恒星形成的证据。左边柔软的螺旋星系和这个环状星系无关。

尘埃细节 ▶

2003 年 3 月 4—7 日

　　通过揭示隐藏在 **NGC 1316** 星系（又名天炉座 **A**）中的宇宙尘埃，以及精确测量某种类型的红色星团，哈勃空间望远镜帮助我们确认了这个巨大的星系是两个螺旋星系碰撞的结果。

暗黑边缘

2006 年 2 月 11 日

这张 NGC5866 的边缘图片显示了一个清晰的尘埃带将星系一分为二，可见的结构包括从圆盘蜿蜒进入核球和星系晕内部的纤细尘埃踪迹。与此同时，星系晕外部点缀满无数的球状星团，而每一个球状星团都由数百万颗恒星组成。

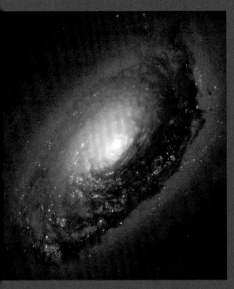

▲ 暗黑之眼

2001 年 4 月 8 日—7 月 6 日

　　两个星系的碰撞留下了梅西叶 64（**M64**）——使用小型望远镜就可以看到它，因此它很受天文爱好者的欢迎。它的星系核前面有吸收光的尘埃带，因此被称为"暗黑之眼"或"恶魔之眼"星系。

▲ 怪异空间

2010 年 4 月 4 日和 12 日

　　荷兰中学老师哈尼·范·阿克尔在参与名为星系动物园的公众科学项目时第一次注意到这一幽灵似的绿色气团。它被称为"哈尼天体"，现在，它被认为是延伸在银河系周围的长达 30 万光年的气体流的明亮部分。

星暴

2009 年 3 月 27—29 日

这张梅西叶 82 号天体（M82）的广角照片突显出其非凡的明亮的蓝色圆盘，碎裂的云网和看起来像羽状物的发光氢气。据估计，恒星在这里诞生的速度是我们银河系里的 10 倍，以至于 M82 星系中心聚集了巨量的恒星。

▲雄伟的阔边帽

2003 年 5 — 6 月

　　梅西叶 104 号天体
的标志是一个明亮的白色
核心，周围环绕着构成其
旋臂的厚厚的尘埃带。哈
勃空间望远镜能够分辨出
围绕这个阔边帽星系的近
2000 个球状星团——大约
是环绕银河系的球状星团
数目的 10 倍。

◀毫不纠结

2002 — 2004 年

　　哈勃空间望远镜发
现，这两个发生相互碰撞
的星系之间的实际距离，
是我们银河系和仙女星系
距离的 10 倍。这一构图向
我们展示了 NGC 3314B 的
旋臂正好对上了旋涡星系
NGC 3314A 的正面。

沙粒

2002 年 7 月 19 日和 9 月 28 日

在 **650** 万光年之外的旋涡星系 **NGC 300** 的星系中心，无数颗恒星像沙滩上的沙粒一样单独被呈现出来。**2002** 年，制作出这张图片的曝光数据被用来测试一种测量星系间距离的新方法。

壮丽的星空蒙太奇 ▶

2013 年 2 月 5 日

从哈勃空间望远镜档案中得到的科学数据可以与其他来源的数据结合起来，创造出引人注目的图像，比如著名的天体摄影师罗伯特·根德勒拍摄的这张 M106（NGC 4258）的独特照片。这张图片刻意强调了 M106 "异常旋臂" 的 "光学成分"，这里呈现出的是红色鲜艳的氢发射线。

▲ 旋涡之心

1995 年 1 月 15 —24 日和 1999 年 7 月 21 日

旋涡星系（M51，NGC 5194）是业余和专业天文学领域中最上镜的星系之一，这幅图像是哈勃空间望远镜早期拍摄的，它让天文学家清晰地发现了冷尘埃云和炙热氢的结构，这一结构将独立的星团和它们的母体尘埃云联系起来。

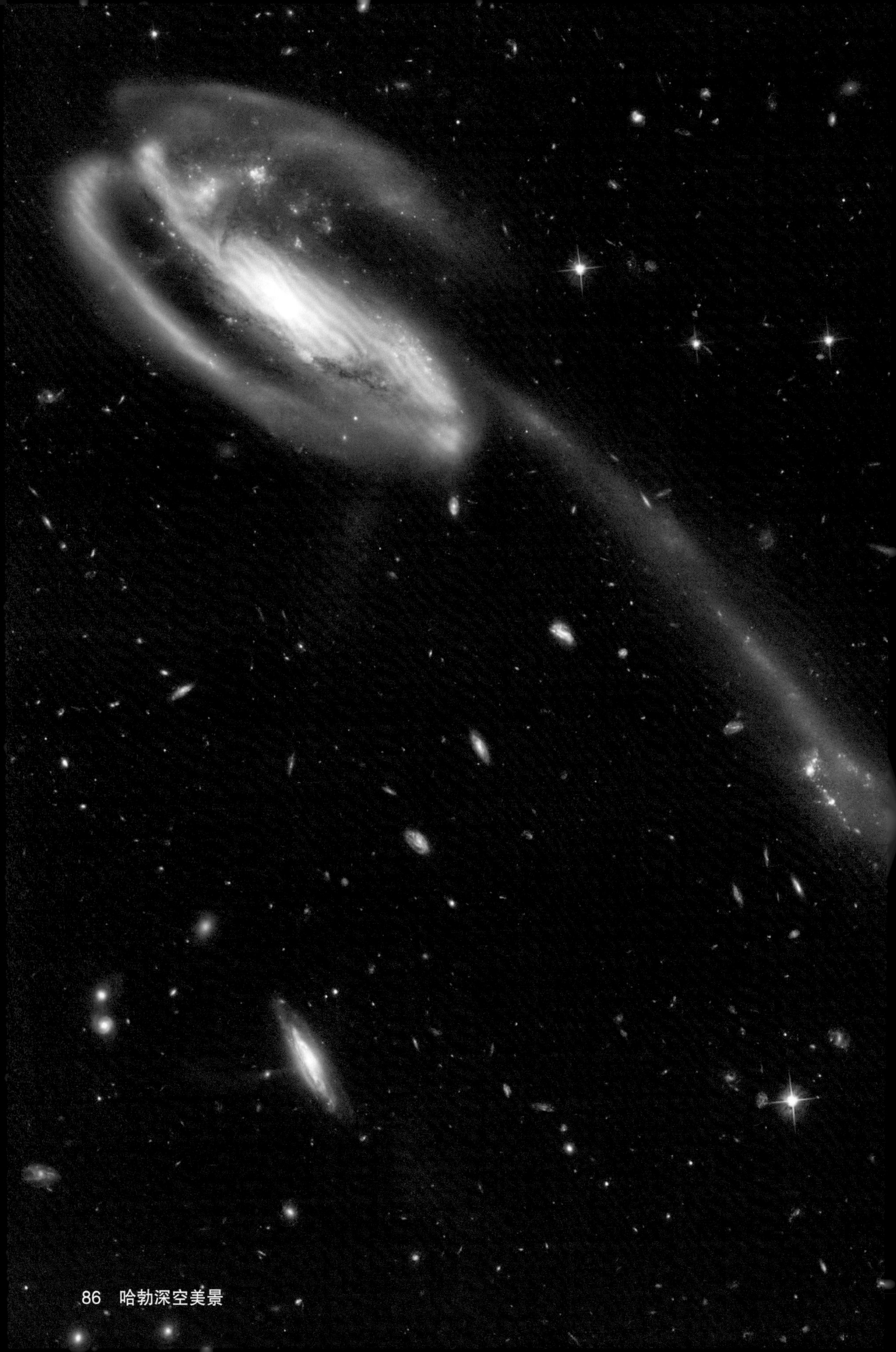

◀ 巨大的蝌蚪

2002 年 4 月 1 日和 9 日

不同寻常的 **UGC 10214** 看起来像一团失控的飞轮状焰火，将它长达 **28 万光年**的恒星和气体流拖拽着与一个小小的闯入者——蓝色的致密星系发生碰撞，呈现在这一巨大的"蝌蚪"图形的左上角，而这个"肇事者"正在离开"事故现场"。

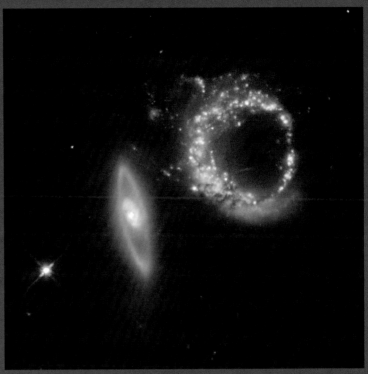

▲ 完美的数字 10

2008 年 10 月 27 —28 日

这对引力相互作用的星系，被称为 **Arp 147**，被认为是星系碰撞后产生的。像数字"**1**"的星系相对来说没有受到干扰，几乎完全侧向对着我们的视线方向；而像数字"**0**"的星系则呈现出由密集恒星构成的块状蓝色环，很可能是碰撞后形成的。

◀ 尘埃触手

2006 年 9 月 19 日

旋涡星系的一种罕见排列揭示了在背景星系的亮光下，显现出尘埃骨骼状触手的轮廓，这一触手明显地延伸到这个小星系的星光盘之外。尽管之前未曾发现过这一结构，但这一图像向我们提出了这样一个问题，即这种结构是否是大多数星系的共同特征。

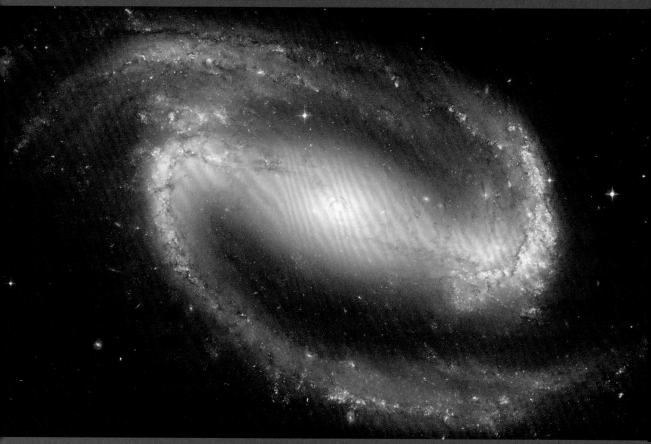

▲ 棒状螺旋

2004 年 9 月

　　哈勃空间望远镜拍摄的典型棒旋星系 **NGC 1300** 的图像，捕捉到了它的星光、炽热的气体和尘埃云。图像的高分辨率让我们能看出结构细节，包括星系核心拥有的独特旋涡结构，蜿蜒 **3300** 光年。

▼ 寻找黑洞

2010 年 9 月 23—24 日

　　ESO 24349 星系被认为是一个中等质量黑洞的所在地，该黑洞可能被一小群炽热的年轻蓝色恒星所环绕。考虑到它在星系盘面上方所处的位置，人们认为这个黑洞来自一个被吞噬的矮星系。

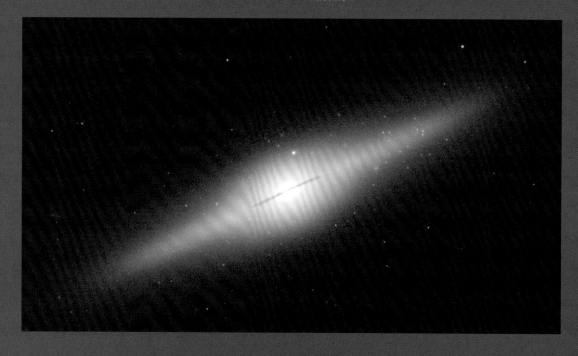

兴致盎然

2002 年 1 月 6 日

UGC 9618（又名 **VV 340** 或
Arp 302）由一对儿处于相互作用
的早期气体富集旋涡星系组成。
大质量恒星的气体辐射出大量的
红外线，这些恒星的形成速度与
银河系中最活跃的区域类似。

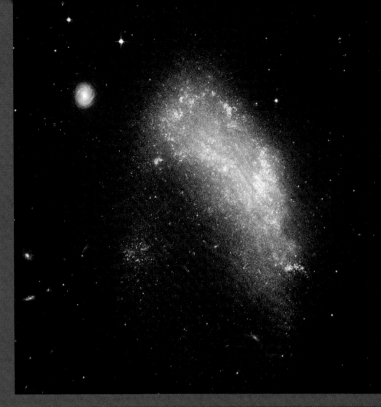

◀ 错误的聚集

2003 年 1 月 9 日

在天炉座星系群的引力作用下，不规则星系 NGC 1427A 正以大约 600 千米/秒的速度一头扎向该星系群。它不太可能作为一个可识别的星系存活下来，在接下来的 10 亿年里，它将会在星团中留下恒星和气体。

▼ 恒星托儿所

2005 年 8 月 1 日

这张棒旋星系 NGC 1672 的照片揭示了其恒星形成云和星际尘埃暗带的壮观细节，这些云和暗带沿着旋臂的内部边缘分布。旋臂上分布着炽热的年轻蓝色恒星星团，电离了周围的氢云，发出了红色的光。

▲ 星系鸟瞰

2004—2006 年

　　巨大的旋涡星系 **M81** 与我们的视线成斜角，正好可以鸟瞰它的旋涡结构。虽然 **M81** 距离我们有 **1160** 万光年之远，但哈勃空间望远镜的分辨率足以让我们分辨出星系中的单颗恒星、疏散和球状星团，以及荧光气体的区域。

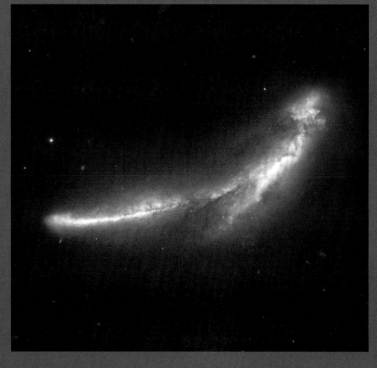

◀ 一只跳跃的海豚

2001 年 10 月 30 日

　　NGC 6670 是一对儿相互重叠的星系，从边缘看，就像一只跳跃的海豚。天文学家认为这对儿星系处于第二次碰撞的早期阶段，这可以解释它为什么发出红外光，亮度是太阳的 **1000** 多亿倍。

▼ 球状星团

2002 年 12 月—2003 年 12 月

　　天文学家使用哈勃空间望远镜识别出了室女星系团中超过 1.1 万个球状星团。他们现在认为在 M87（这个巨大的椭圆星系位于星系团的中心）附近发现的星团数量要比预计的多，当距离太近的时候，它就会去抢夺那些较小的星系。

◀ 终极场景

1994 年 3 月—2003 年 1 月

　　在 2006 年，这张梅西叶 101 号天体（M101）的图像是那时能提供的最大和最详细的旋涡星系的图像，它由 51 张哈勃空间望远镜的图像并结合地面观测图像组合而成。M101 的星系盘很薄，哈勃空间望远镜很容易就能看到它后面更遥远的星系。

我们的奇异宇宙

通过 25 周年的观测，哈勃空间望远镜揭示了宇宙中存在的一些奇异天体，从星系中心的黑洞中喷发出的超高速物质喷射，到还处于婴儿时期的宇宙的最遥远快照应有尽有。哈勃空间望远镜的继任者，詹姆斯·韦伯空间望远镜，将进一步拓展我们所能看到的宇宙边界，因为它可以观测更长的波长，比如红外波段。这里，我们展示了一些哈勃空间望远镜观测项目在太空中发现的新奇事物，其中一些将带我们回到宇宙大爆炸后 5 亿年时。

强力喷射

1998 年 2 月

像灯塔光束一样从 M87 星系的中心喷射而出的是一股由黑洞驱动的电子和其他亚原子粒子喷流，它以接近光速的速度运动。蓝色的喷流与组成星系的数十亿颗看不见的恒星所发出的黄色光芒形成对比，该星系位于 5000 万光年之外。

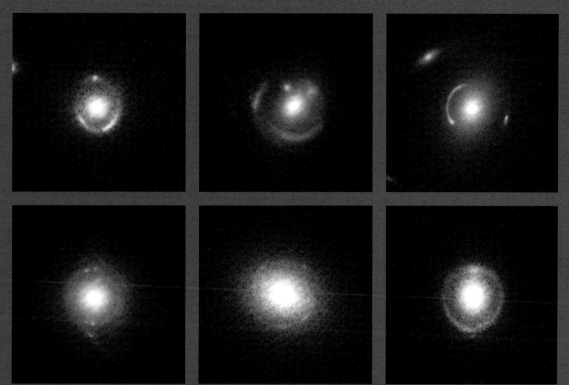

▼ 优雅弧线

2011 年 3 月 1 日

这幅图像是哈勃空间望远镜拍摄的最引人注目的引力透镜的范例之一。图中，50 亿光年外的黄色前景星系团的引力场将来自 100 亿光年外的背景星系的光弯曲成优雅的蓝色弧线。

▲ 扭曲的光

2005 年 11 月 17 日

这些图像中的黄色斑点是 20 亿～40 亿光年以外的巨大椭圆星系，每个星系都用蓝光将两倍远的背景星系勾勒出来。较近星系的引力使背景光弯曲形成爱因斯坦环。

幻影超新星 ▶

2014 年 12 月 14 日

除了爱因斯坦环外，哈勃空间望远镜还发现了爱因斯坦十
字。在这张图中，在一个较近星系的巨大引力作用下，一颗 93
亿光年以外的黄色超新星在该星系边缘被重现了 4 次。

▲ 星系团聚合

2009 年 1 月 14—19 日

　　在这张子弹星系团中星系碰撞的图像中，结合了哈勃空间望远镜和钱德拉 X
射线天文台的数据。图像表明，星系的绝大多数物质与星系团的热气体是分离的，
这些气体在图中用粉色表示。天文学家以此推断在蓝色区域中存在暗物质。

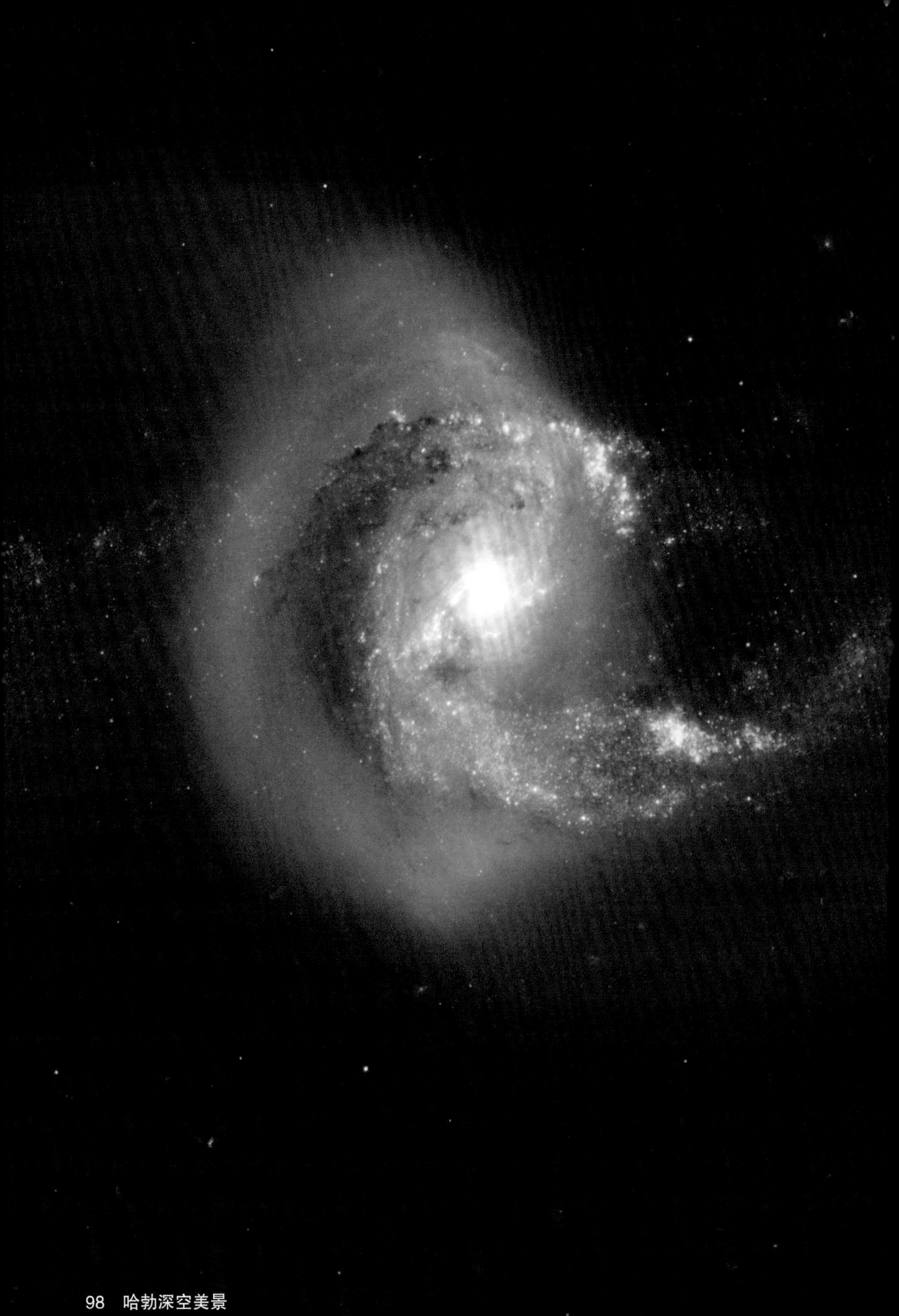

▲ 遥远的矮星系

2014 年 9 月 17 日

　　天文学家认为一个巨大的黑洞位于矮星系 **M60-UCD1** 的中心。该星系位于 **5400** 万光年之外，是已知最小的拥有超大质量黑洞的星系。

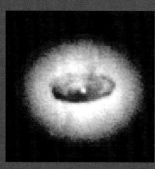

▲ 吞食尘埃

2005 年 12 月 4 日

　　这个甜甜圈形状是一个 **800** 光年宽的尘埃盘，其为位于星系 **NGC 4261** 中心的一个黑洞提供燃料。这个甜甜圈的质量是太阳质量的 **12** 亿倍，而黑洞的引力能够吸引足够多的周围物质，足以形成 **10** 万颗像太阳一样的恒星。

◀ 伸展

2011 年 10 月 16 —24 日

　　NGC 7714 的烟雾环形状之所以扭曲，是因为它被一个位于画面左侧边缘外的伴星系所拉伸。这一宇宙拉伸始于大约 **2** 亿年前。

极端深场 ▶

2002 年 7 月—2012 年 3 月

这是哈勃空间望远镜对宇宙最深入的观测，揭示出了成千上万个星系的形状，它们的模样就像 132 亿年前一样，即宇宙大爆炸后 5 亿年。这样的形态和结构已经存在了非常长的时间。

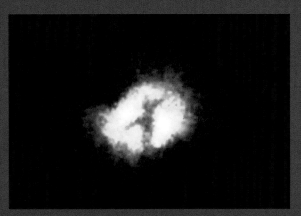

▲ X 标记

1992 年 6 月 8 日

在邻近的旋涡星系 M51 的核心，由于尘埃的吸收而形成了黑暗的十字交叉，标记出了黑洞的位置。黑暗 X 标记的两臂是边缘朝向我们的尘埃环，直径约 100 光年。

▲ 3 幅重叠

2006 年 11 月 2 日

这幅星系团的图像由 3 幅图组成：哈勃空间望远镜拍摄的星系用黄色表示，钱德拉望远镜拍摄的在 X 射线波段发射的热气体用蓝色表示，这些热气体被来自黑洞的高能粒子喷流推到一边，甚大阵拍摄到了这些喷流，图中用红色表示。

与哈勃空间望远镜有关的数字

13.2米
哈勃空间望远镜的长度

38000个
哈勃空间望远镜观测过的独立天体数目

100万次
迄今已经进行的观测次数

28000千米/时
哈勃空间望远镜绕地球运行的速度

5次
维护飞行任务次数

568千米
哈勃空间望远镜绕地球运行的轨道高度

2800瓦
从太阳能帆板供应的能源用量

2.4米
哈勃空间望远镜主镜的直径

11000篇
利用哈勃空间望远镜获得的数据发表的科学论文数量

95.6分钟
哈勃空间望远镜绕地球一圈的平均时间

15亿美元
发射哈勃空间望远镜的花费

844GB
每个月哈勃空间望远镜所产生的数据量

11113千克
哈勃空间望远镜的质量，比两只成年亚洲象稍重一点

1983年
望远镜被命名为哈勃的年份

0.05角秒
哈勃空间望远镜的分辨能力

1970年
NASA 成立两个委员会来规划哈勃空间望远镜的年份

7.6米
每面太阳帆板的长度

10纳米
镜面的抛光精度

166小时5分钟
5 次哈勃空间望远镜维护任务的太空行走总时间

哈勃空间望远镜 2.0

詹姆斯·韦伯空间望远镜将能比它的前任看到更远的宇宙。皮尔斯·毕卓尼享有 NASA 的独家访问权，从而监控其进展。

设计、建造和操作一个空间天文台真正需要什么？以哈勃空间望远镜为例，在脑海中浮现的画面是一个长长的银色圆柱体，静静地漂浮在无边无际的黑暗太空中，它张开的大嘴指向它所选择的目标。我们没有想到的是，与此同时地面上也在进行着大量的支持操作。

早在 2009 年 3 月，我就有幸被带到了戈达德航天中心，这是位于马里兰州格林贝尔特的 NASA 哈勃空间望远镜的操作中心，位于华盛顿和巴尔的摩之间。在那里，我遇到了哈勃空间望远镜的孪生兄弟，在一个巨大的机库中供电并嗡嗡作响，还看到了一个巨大的后续航天器的硬件——詹姆斯·韦伯空间望远镜（JWST），它预计将于 2021 年发射。我在戈达德学到的东西表明，JWST 的设计目的不仅仅是取代哈勃空间望远镜。事实上，这两台机器向我们展示了宇宙的不同侧面……

我对戈达德航天中心的第一印象是那里很安静。那里大约有 30 座建筑，分布在 4 平方千米的土地上，大多数建筑不超过 5 层楼高。偶尔在枝繁叶茂的树篱上方，可以看到乳白色的大飞机库的屋顶。除此之外，在那里工作的

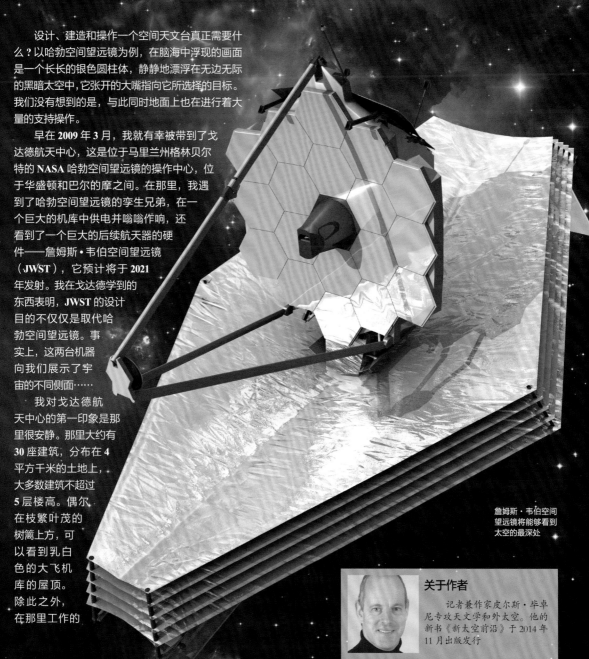

詹姆斯·韦伯空间望远镜将能够看到太空的最深处

关于作者

记者兼作家皮尔斯·毕卓尼专攻天文学和外太空。他的新书《新太空前沿》于 2014 年 11 月出版发行

3000 名 NASA 工作人员和 6800 名合作人员分散在这个巨大的设施中。与休斯顿的 NASA 任务控制综合设施或佛罗里达的发射中心相比，戈达德航天中心规模实际上很小。

JWST 综合科学仪器模块（ISIM）的首席经理帕姆·沙利文博士为我安排了一个短暂而紧凑的参观计划，因为我们必须考虑到从一幢大楼到另一幢大楼所需的短暂而频繁的汽车行程。计划上的第一个项目是有关 JWST 基本内容的视听展示。

JWST 是一台红外望远镜，主镜 6.5 米，安装在一个网球场大小的巨大遮阳板上。配备推进装置、通信设备和太阳能电池板的辅助航天器悬挂在这个不怎么好看的遮阳板底部。沙利文解释之所以需要如此大的主镜是因为詹姆斯·韦伯空间望远镜将寻找遥远而暗弱的星系，它常常需要收集来自一个目标的每秒不超过单个光子的光，所以我们要抓住尽可能多的光子。

这种对灵敏度的极端要求需要 JWST 在深空工作，远离地球—月球系统的干扰。它将在距离地球约 150 万千米的拉格朗日点 L2 上沿轨道运行，在那里，引力的综合影响确保太阳、地球和月球总是安全的位于望远镜的遮阳板后面。在离地球这么远的地方，哈勃式的宇航员修复任务是不可能的。这也是为什么 JWST 的巨大镜子被分成 18 个独立的六边形花瓣

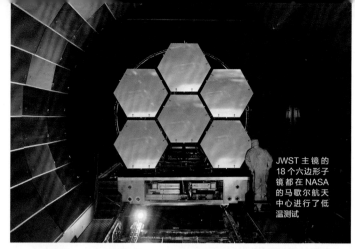

JWST 主镜的 18 个六边形子镜都在 NASA 的马歇尔航天中心进行了低温测试

▲ 对 JWST 的遮阳盾展开步骤的测试是在加利福尼亚进行的。

▲ 技术人员检查 JWST 圆形凸面副镜上的镀金涂层。

的原因之一，每个花瓣都有卡车驾驶室门那么大。每一片花瓣都可以通过远程控制精确调整，所以不会出现哈勃空间望远镜早期使用散焦主镜的问题，JWST 至少有能力自行纠正任何失调。

展开翅膀

一切都要顺利进行，一击必中。有点像蛹里的昆虫，JWST 在发射时将紧紧地坐在欧洲空间局阿丽亚娜 5 号火箭的鼻锥内。一旦进入太空，它将按一种令人晕头转向的复杂流程部署，按顺序撑开遮阳罩、展开转盘和折叠起来的镜面。沙利文似乎并不在意这种明显的复杂性："这看起来很棘手，但诺斯罗普·格鲁曼公司，我们航天器的主要承包商，在处理太空中的大型结构方面非常有经验。"

JWST 的设备

综合科学仪器模块（ISIM）是 JWST 的核心，包含 4 种主要设备。

中红外设备（MIRI）

这台多用途相机由欧洲空间局和 NASA 建造，将研究遥远的恒星星族、氢云以及太阳系边缘暗弱的彗星。

近红外相机（NIRCAM）

这台由亚利桑那大学建造的相机将探测来自超新星、最早期的恒星与星系在形成过程中发出的光。

近红外光谱仪（NIRSPEC）

这是由欧洲空间局设计的，它使用了戈达德航天中心提供的高度复杂的百叶窗快门阵列，能够同时观测 100 多个天体。

精密导星传感器（FGS）

由加拿大空间局建造，配备一个可以选择波长极为特定的滤光片。该设备还可以兼作星敏感器。

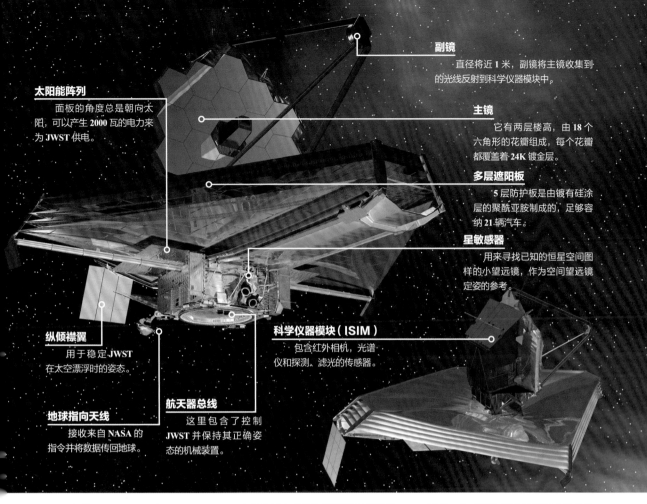

太阳能阵列
面板的角度总是朝向太阳，可以产生 2000 瓦的电力来为 JWST 供电。

纵倾襟翼
用于稳定 JWST 在太空漂浮时的姿态。

地球指向天线
接收来自 NASA 的指令并将数据传回地球。

航天器总线
这里包含了控制 JWST 并保持其正确姿态的机械装置。

科学仪器模块（ISIM）
包含红外相机，光谱仪和探测、滤光的传感器。

副镜
直径将近 1 米，副镜将主镜收集到的光线反射到科学仪器模块中。

主镜
它有两层楼高，由 18 个六角形的花瓣组成，每个花瓣都覆盖着 24K 镀金层。

多层遮阳板
5 层防护板是由镀有硅涂层的聚酰亚胺制成的，足够容纳 21 辆汽车。

星敏感器
用来寻找已知的恒星空间图样的小望远镜，作为空间望远镜定姿的参考。

保护 JWST 不受烈日暴晒是一项艰巨的任务。巨大的 5 层保温层阻挡了炫目的光，使阴影部分的环境温度保持在绝对零度以上几十度（零下 233 摄氏度）。JWST 的仪器必须保持低温以避免被错误的信号淹没，因为红外线和热能是密切相关的。即使是 JWST 内部的电子元件产生的最微小的热量也必须与望远镜组件隔绝。还有一个低温储罐能让特别敏感的中红外仪器（MIRI）保持在更低的温度（零下 266 摄氏度）。

在观看了令人印象深刻的 JWST 部署的模拟之后，是时候让我更仔细地看看这些仪器了。沙利文向我展示了 ISIM 的一些硬件：一个由镜子、镜片、传感器和传动装置组成的难以置信的迷宫。它是在一个由大学和制造承包商组成的国际联盟的协助下制造的。那是我这辈子见过的最精密、最复杂的机器。

然后，我被护送到一个小房间，那里的强大气流差点把我吹飞了。一组技术人员帮我穿上了"兔子装"，

JWST 将会看到怎样的图像

哈勃空间望远镜拍摄的惊人图像主要来自光谱的可见光和紫外区域，但 JWST 将主要使用红外波段。这台望远镜之所以要这样做，是因为有着令人信服的理由。

太空中充满了尘埃云，它们来自恒星爆发和其他宇宙事件的古老残骸。这些尘埃云可能是恒星诞生的地方，但问题是尘埃挡住了它们背后天体的光线。幸运的是，更长的红外波长可以穿透这些云。

另一个因素是红移。1929 年，埃德温·哈勃发现所有的星系都在互相远离。来自遥远星系的光线被延伸至光谱红端更长的波长，就像高速行驶的火车发出的声波在远离的时候会变长一样。星系离我们越远，它就越年轻，因为它的光芒到达我们需要花费更多时间。多亏 JWST 的红外"眼睛"，它将能够看到这些新形成的星系，并揭示这些星系最早期的发育阶段。

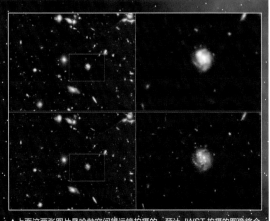

▲ 上面这两张图片是哈勃空间望远镜拍摄的。预计 JWST 拍摄的图像将会更加清晰，并呈现更暗弱的细节，就像下面这两幅模拟图片所描绘的那样。

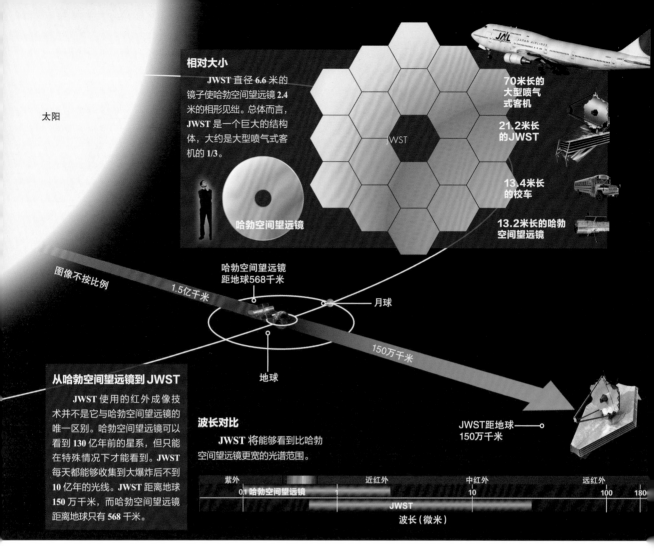

相对大小

JWST 直径 6.6 米的镜子使哈勃空间望远镜 2.4 米的相形见绌。总体而言，JWST 是一个巨大的结构体，大约是大型喷气式客机的 1/3。

太阳

JWST

哈勃空间望远镜

70 米长的大型喷气式客机

21.2 米长的 JWST

13.4 米长的校车

13.2 米长的哈勃空间望远镜

哈勃空间望远镜距地球 568 千米

月球

1.5 亿千米

图像不按比例

150 万千米

地球

JWST 距地球 150 万千米

从哈勃空间望远镜到 JWST

JWST 使用的红外成像技术并不是它与哈勃空间望远镜的唯一区别。哈勃空间望远镜可以看到 130 亿年前的星系，但只能在特殊情况下才能看到。JWST 每天都能够收集到大爆炸后不到 10 亿年的光线。JWST 距离地球 150 万千米，而哈勃空间望远镜距离地球只有 568 千米。

波长对比

JWST 将能够看到比哈勃空间望远镜更宽的光谱范围。

紫外		近红外	中红外	远红外
0.1 哈勃空间望远镜			10	100 180
	JWST			

波长（微米）

这是一件没有绒布的白色罩衣，它几乎像宇航服一样有效地将我与外界隔离。再加上白靴子、面罩加上护目镜就完成了。几秒后，我变得又热又痒。

最后，我被带领着穿过最后一扇嘶嘶作响的气闸，进入了戈达德微航天中心电子实验室明亮的白光中。环境保持得非常干净，每立方米空气中只允许有 4 粒尘埃。在这里，我见识到了一项开创性的新技术，但首先让我解释一下它能解决的问题。

JWST 相对较宽的视场通常会包含数百个遥远的目标，每个目标发出的光谱略有不同。挑战在于，在不让整个望远镜从一个目标重新对准另一个目标的前提下，分离和区分它们各自的光谱。解决方案是一系列可单独开启或关闭的铰链襟翼或"快门"。首先，一个磁化棒扫过阵列并拉开所有的快门。然后，电子命令会发送到指定的行和列，当大多数快门自动关闭时，与这些命令给定的行和列相关的快门会保持打开，让指定目标的光线进入。这个巧夺天工的系统可以同时分析数百条光谱。

62000 个快门排列起来，看起来就像非常精确的华夫饼干网格。我还没有提到的是，每一扇快门的宽度只有 100~200 微米，大约是 4 根头发的宽度，而整个阵列的宽度只有 5 厘米（2 英寸）。由于 JWST 的仪器需要 4 组

詹姆斯·韦伯是谁？

詹姆斯·埃德温·韦伯是一名官员，而不是天文学家，但他在 1961—1968 年担任 NASA 高级官员期间，大力支持空间科学任务的开发。当时，阿波罗登月计划占据了所有的新闻头条，而机器人探测器那时也不太受欢迎，韦伯坚持认为无人驾驶的任务对于长期的太空探索至关重要。

快门阵列，每组快门阵列都需要能承受数千次的开启和关闭，这是最先进的微芯片工程。

负责快门制造团队的玛丽·李博士解释说，这就像在整理蝴蝶翅膀上每一个落满灰尘的鳞片，但却不允许让任何的鳞片脱落。"如果一个快门坏了或者开关不畅，那么所有在它旁边的快门都会变得毫无用处，因为来自相邻目标的光线不能在探测器内部发生干涉。在整个 JWST 任务中，我们只能失去几十个快门。"

当我凝视着显微镜观察快门的运作时，产生了两个想法。首先，技术上的挑战实在是太棒了；其次，"兔子装"简直要了我的命。当终于能够爬出来参加当天的最后一项安排时，我感到如释重负：我参观了哈勃空间望远镜的"双胞胎"，并在另一个大得多的无尘室里轻轻哼唱。我稍稍松了一口气，透过一扇厚厚的观察窗望

JSWT将会寻找什么？

宇宙何时会被再次点亮？▶

在大爆炸后的最初几亿年间，一切都是黑暗的。随着时间的推移，氢和氦原子聚集在一起形成星系，但是第一批恒星花了 4 亿多年才开始发光。第一批恒星个头非常巨大，在几百万年后它们就发生剧烈的超新星爆炸，散放出很多元素。这些早期恒星发出的紫外能量爆炸撕裂了太空中的氢原子，而这些氢原子花了很多时间才重新获得了失去的电子。JWST 将帮助我们确定这个再电离过程是多久以前发生的。

◀星系的成长

JWST 将研究星系是如何形成的。几乎所有星系的心脏位置都有一个黑洞。科学家们将利用 JWST 来揭秘星系和黑洞之间的联系。大爆炸后大约 10 亿年时存在的星系比现在我们周围的星系小，也更不规则。但一些星系看起来和今天的类似，科学家们将使用 JWST 来研究它们。他们将试图探究星系是如何成长和演化的，以及星系是如何积累比氢重的元素的。

恒星与行星的诞生 ▶

关于恒星的形成，科学家们仍有很多不知道的东西，比如它们是如何由坍缩的尘埃云形成的，年轻的恒星彼此之间以及如何与周围的残骸相互作用。行星诞生于这些残骸中，但许多已经发现的太阳系外行星都是沿着接近主星的轨道运动的气态巨行星。这与科学家关于行星形成的理论不一致。利用红外成像和光谱分析仪，JWST 将穿透致密的星际云进行观测，并有望解答这些问题。

◀行星与生命起源

JWST 将制作环绕邻近太阳的恒星运行的行星图像，以揭示它们的年龄和组成。JWST 还将能够分辨出是什么物质构成了围绕在近邻恒星周围的行星盘，这将帮助天文学家确定是行星盘中的什么促成了行星的形成。JWST 还将观察太阳系边缘的冰质天体，寻找生命起源的线索。通过比较这些数据和来自近邻恒星周围行星的发现，天文学家也许能够确定是什么使生命成为可能，并在其他地方寻找相似的条件。

着它，而不用钻进另一套崭新的"兔子装"里去。

"同卵双胞胎"

当我看向哈勃空间望远镜的"双胞胎"所处的高大房间时，我的第一个想法是要保持如此巨大空间的清洁，是一个多么大的挑战。"空气过滤器在哪里？"我问。哈勃空间望远镜的舱外活动经理鲁斯·沃纳斯指向远处的墙，它至少有 10 米高。"你现在就看着呢，"他咧嘴笑着说，"整个表面就是一个巨大的过滤器。"

我的目光从巨型过滤器转回到哈勃空间望远镜。它躺在那儿，被分成两部分：一个角落里是粗短的后部圆柱体，里面装着探测器、电力系统和陀螺仪；在房间的另一个角落里，是望远镜主体高高的银色圆柱体。厚厚的电线和电缆蜿蜒穿过地板，连接到圆柱体外部的各种接口上。这个版本的哈勃空间望远镜永远不会在太空中翻滚和旋转。事实上，它根本不会动。然而，在其他方面，它完成的"飞行"任务和在轨道上运行的更著名的"双胞胎"一样完整。

首先会在它的"双胞胎"上测试传递给哈勃空间望远镜的新命令，以

专家解读

我们采访了诺贝尔奖获得者约翰·马瑟，他是 JWST 在戈达德航天中心的高级项目科学家。

你的主要任务是什么？

我从第一天就开始研究 JWST，所以我密切参与了望远镜的设计和仪器的选择。我们现在正在建造真正的硬件的道路上前进，这是非常令人兴奋的。

JWST 将致力于解答哪些主要问题？

4 个主要的科学任务实际上可以归结为一件事。你看，我们认为我们很聪明，我们对宇宙有一个准确的概念。我们认为暗物质提供了大部分的质量，而暗能量导致宇宙膨胀加速。然后是普通物质，我们现在可以用仪器看到的很小一部分的物质。所以我们有了这些精彩的理论，声称我们应该能够计算出一切是如何变成恒星和星系的。现在我们想看看这些理论是否正确。

JWST 有什么作用？

它将拍摄早期宇宙的照片，并从遥远的太空中辨认出朦胧暗弱的光线——当然，在遥远的太空中意味着遥远的过去。我们想看看早期的星系和其他一些在宇宙还不到 10 亿年的时候形成的现象。哈勃空间望远镜让我们能够看到 50 亿~100 亿年前的时间，这是宇宙的青春期。我们需要看到的是它的童年。

是什么使早期星系与我们经常看到的近邻星系不同？

我们怀疑星系是由小的部分组成的，这些小的部分结合在一起形成更大的结构。如果这是真的，我们应该能够看到早期星系在结构上不那么复杂，而且与现代星系有很大的不同。

新技术

让我们来看看有哪些能使 JWST 一举成功的惊人技术。

▲ **微型快门**

当磁场作用其上时，这些由 62000 个微型铰链单元组成的阵列会开启和关闭。每个单元都可以单独控制，允许它被打开或关闭，以查看或阻挡天空的一部分。这使得无需重新调整望远镜就使同时观测数百个不同的目标成为可能。

▲ **背板**

这个巨大的结构支撑着望远镜的六角形镜面，并控制着它们进行难以置信的精细运动来增强聚焦。这里的挑战是确保这个大型结构在接近绝对零度的温度下保持极高的刚性，这样镜子才能保持精确的聚焦。

▲ **镜子**

每块六边形面板的直径为 1.3 米，是由一整块所有金属中最轻的铍制成的。每一块重达 20 千克。它们必须按照难以置信的精度进行加工，以尽可能减少发射时的质量，同时留下足够的金属以保持强度和刚性。

红外传感器▶

JWST 需要高灵敏度的探测器阵列捕捉来自遥远星系、恒星和行星的光线。一台 400 万像素的碲化汞镉探测器将拍摄近红外图像，而一台 100 万像素的硅探测器将被用来完成中红外成像。

制冷器▶

JWST 制冷系统的冷端与红外探测器的距离很近，但其余部分距离为 20 米。探测器必须保持在接近绝对零度的稳定温度（零下 266 摄氏度），以免探测器淹没在随机"噪声"中。冷却器必须进行为期 3 年的测试以证明其可靠性。

确保内部系统正确响应。当我用"双胞胎"这个词的时候，我是认真的。这台机器的每个螺母和螺栓都复制了正在轨道上工作的版本，以便宇航员进行维护练习。看着那些嵌板和密密麻麻的内部结构，我意识到宇航员在修复哈勃空间望远镜的过程中扮演了多么重要的角色。机器人根本无法应对。头发斑白的 NASA 老员工鲁斯·沃纳斯自豪地谈起他在过去 20 年里有幸与哈勃空间望远镜修复任务的宇航员们共同工作："记住，他们在做任何事情的时候都要戴着厚厚的手套。"

退休在即

最后一个停靠站是哈勃空间望远镜飞行控制室，我不由得注意到，那里有几个没有工作人员的工作台。就在那时，2009 年的春天，哈勃

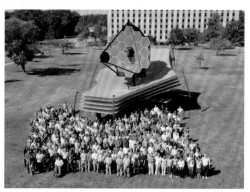

▲ JWST 的全尺寸模型让 NASA 戈达德航天中心的工作人员看起来像小矮人。

空间望远镜也开始显现出老态。仪器、控制系统和电池都出现了故障。首先要做的只是让哈勃在接下来的两个月里保持稳定，最终的修复任务将在 5 月开始。这次任务安装了新的电池、陀螺仪和仪器，它们延长了哈勃空间望远镜的寿命，直到 2018 年以后它才会停止工作，届时

JWST 将发射升空。JWST 实际上不能被描述为一个替代的望远镜，因为这两台机器是如此的不同。因此，天文学家们试图让哈勃空间望远镜尽可能长时间地运行，即便他们也在期待着 JWST。

空间科学任务需要参与设计和建造任务的人付出难以置信的贡献。如果火箭失败或者空间探测器突然停止发射，10 年的工作瞬间化为乌有的情况也并不少见。哈勃空间望远镜在 1990 年发射前用了 20 年的时间建造。JWST 已经花了 10 年的时间来准备，还有几年时间才会发射（JWST 已被推迟至 2021 年发射）。在这个综合行业中，可能会出现太多问题。但是，如果 JWST 发射顺利并成功运行，它将以哈勃空间望远镜的传奇为基础，带领我们更加接近宇宙的起源。

译者后记：
揭秘天体的光谱

探索宇宙是一项极具挑战性的任务，而天文学家的终极目标就是借助十分专业的方法和先进的设备从来自天体的光中挖掘出任何有用的蛛丝马迹。

天文学家有很多不同的方法来全面分析来自天体的光，但是它们都有一个共同点——需要通过望远镜收集光子。而天文观测通常分为两大类：成像观测与光谱观测。对星空进行成像观测可以测量恒星的星等、位置和空间形态等，如果能在一段时间内对天体重复成像，还可以用来追踪天体之间的相对运动。这本书中我们所看到的哈勃深空美景就是基于成像观测产生的。当然，哈勃空间望远镜不止能够为天体拍摄美图，它还可以通过光谱观测来观察天体。光谱观测其实就是将覆盖较宽波长范围的星光分解成光谱的形式。通过分析光谱，我们就可以确定一个天体的物理性质，例如表面温度和重力，化学组成及它们在空间中的运动速度等。

▼宇宙演化示意图

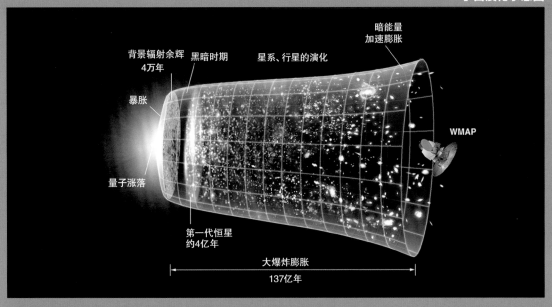

背景辐射余辉 4万年
暗黑时期
星系、行星的演化
暗能量 加速膨胀
暴胀
量子涨落
WMAP
第一代恒星 约4亿年
大爆炸膨胀 137亿年

HD 216932 apmag 9.1

65 Cybele apmag 11.6

HD 217121 apmag 8.7

2009-09-21 08UT

◀星空成像观测结果

要如何获得来自天体的光谱呢？这得先从彩虹说起。雨后晴空的彩虹是非常壮观的自然景象，在它形成的过程中，不同波长的白色日光在大气里无数微小的水滴中产生不同方向的折射和反射，最终呈现出彩虹的光。我们可以通过一个简单的棱镜产生相同的效果，不同波长的光在玻璃表面被折射到不同角度，但并不发生反射。波长较短的紫外光被折射的最厉害，而波长较长的红光发生的折射也较小，白光就这样被分解成了有颜色的光谱。

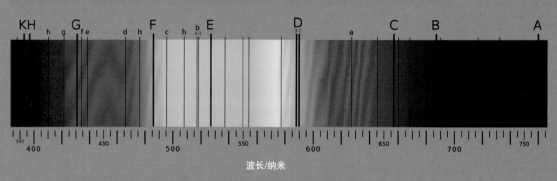

红外

紫外（UV）

　　数千年来，人类始终仰视并赞美着夜空中的熠熠星光，却无人知道星光里蕴藏的秘密。直到 19 世纪，夫琅和费发现透过棱镜等光学仪器之后，太阳光谱看起来就像是彩色条码——在不同颜色的连续谱上居然镶嵌着暗弱不一的诸多暗线，看起来就像是在这些特定位置上，有什么东西被"偷走"了。后来，人们才逐渐认识到这些暗线其实隐藏了许多太阳的重要性质。

KH　h　g　G　fe　d h　F　c　h　b　E　　　　D　　　　a　　　C　　　B　　　　　　A
　　　　　　　　　　　　　　　　　4-1　　　　3-1

390 400　　　　450　　　　　500　　　　　550　　　　　600　　　　650　　　　700　　　　750

波长/纳米

▲ 夫琅和费证认的谱线

　　这幅图中炫丽的彩色条码图就是我们通过分辨本领极高的光谱仪看到的太阳，也就是太阳的二维光谱。里面的每一行都是我们的眼睛看到的不同颜色的星光。我们在光谱中看到的这些暗线其实是炽热的星光穿过较冷的外层气体时，在特定波长产生的吸收，每一条暗线都隐藏着某种元素在星光中留下的独特信息。其他恒星的光谱也具有大体相似的结构。它们看起来与人类基因图谱颇有几分相似，而恰巧这里面也确实隐藏了恒星的基因。

▼ 太阳的二维光谱

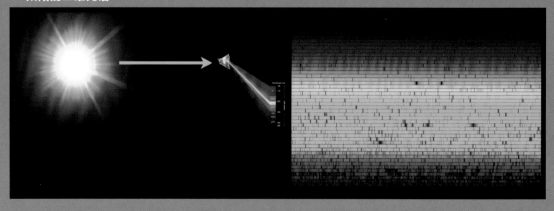

怎么提取恒星的基因呢？这就需要用到我们在天文研究中更常见的一维光谱了，形如下图所示。它看起来有点索然无味，但是其作用却不容小觑。通过测量这些谱线的强度，我们不仅能够知道这颗恒星制造了哪些元素、制造了多少，结合恒星的外层结构，我们还能推断出它的质量、年龄、出生地，甚至它是否与其他恒星发生过激烈冲突等信息。所以恒星光谱其实是天文学家刺探恒星秘密、提取恒星 DNA 的一大利器。

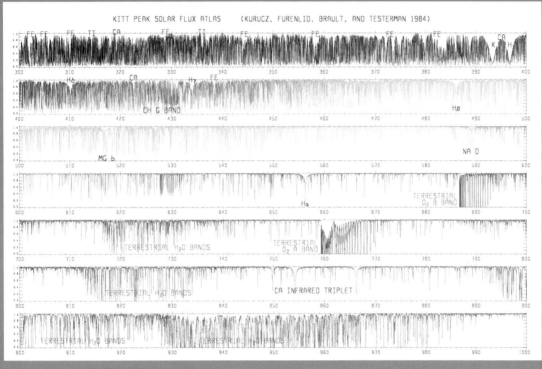

▲ 太阳的一维光谱

300 年前，法国哲学家孔德曾预言，恒星的化学成分是人类永远无法拥有的知识。而今天，天文学家已将光谱技法用到炉火纯青，并借助这种手段认识到了许多天体隐藏着的重要性质。因此，光谱观测的设备几乎成为世界上所有重要望远镜乃至下一代甚大望远镜的标配。而我国也有一台我们自主设计并建造运行的光谱观测能手——位于中国科学院国家天文台兴隆观测站的郭守敬望远镜，它已经成功获得了超过 1000 万条天体光谱。天文学家将通过这些光谱为我们揭示更多关于银河系的故事与奥秘。

▼ 银拱下的郭守敬望远镜